高效种植致富直通车

图说 枣病虫害 诊断与防治

主编 孙瑞红 武海斌
参编 宫庆涛 张 琼 闫家河 刘加云

U0274704

机械工业出版社

本书通过大量的原生态图片，对枣生产过程中的主要病害、虫害的发病症状、形态特征、发生特点和综合防治技术进行了简要叙述。另外，书中还介绍了与枣病虫害防治相关的基本知识、无公害新农药的特点及配制方法等，按照枣树物候期先后次序编写了枣树病虫周年防治历，列出了目前我国用于枣树的已登记农药品种。本书语言通俗易懂，病虫害防治技术先进，实用性强，可帮助果农准确认识枣树物候期、病虫害的种类和天敌昆虫，掌握安全有效的病虫害防治技术。

本书可供广大枣树种植人员、技术推广人员使用，也可供农业院校相关专业的师生阅读参考。

图书在版编目（CIP）数据

图说枣病虫害诊断与防治/孙瑞红，武海斌主编. —北京：机械工业出版社，2019.3
（高效种植致富直通车）
ISBN 978-7-111-61757-0

Ⅰ. ①图… Ⅱ. ①孙… ②武… Ⅲ. ①枣–病虫害防治–图解 Ⅳ. ①S436. 65-64

中国版本图书馆 CIP 数据核字（2019）第 004738 号

机械工业出版社（北京市百万庄大街22号 邮政编码100037）
总　策　划：李俊玲　张敬柱
策划编辑：高　伟　责任编辑：高　伟　陈　洁
责任校对：刘鸿雁　责任印制：孙　炜
保定市中画美凯印刷有限公司印刷
2019 年 3 月第 1 版第 1 次印刷
140mm×203mm · 4 印张 · 95 千字
0001—3000 册
标准书号：ISBN 978-7-111-61757-0
定价：25. 00 元

凡购本书，如有缺页、倒页、脱页，由本社发行部调换
电话服务　　　　　　　　网络服务
服务咨询热线：010-88361066　机工官网：www.cmpbook.com
读者购书热线：010-68326294　机工官博：weibo. com/cmp1952
　　　　　　　010-88379203　金　书　网：www.golden-book. com
封面无防伪标均为盗版　教育服务网：www.cmpedu.com

高效种植致富直通车
编审委员会

主　　任　沈火林

副 主 任　杨洪强　杨　莉　周广芳　党永华

委　　员（按姓氏笔画排序）

王天元　王国东　牛贞福　田丽丽　刘冰江　刘淑芳

孙瑞红　杜玉虎　李金堂　李俊玲　杨　雷　沈雪峰

张　琼　张力飞　张丽莉　张俊佩　张敬柱　陈　勇

陈　哲　陈宗刚　范　昆　范伟国　郑玉艳　单守明

贺超兴　胡想顺　夏国京　高照全　曹小平　董　民

景炜明　路　河　翟秋喜　魏　珉　魏丽红　魏峭嵘

秘 书 长　苗锦山

秘　　书　高　伟　郎　峰

序

　　园艺产业包括蔬菜、果树、花卉和茶等，经多年发展，园艺产业已经成为我国很多地区的农业支柱产业，形成了具有地方特色的果蔬优势产区，园艺种植的发展为农民增收致富和"三农"问题的解决做出了重要贡献。园艺产业基本属于高投入、高产出、技术含量相对较高的产业，农民在实际生产中经常在新品种引进和选择、设施建设、栽培和管理、病虫害防治及产品市场发展趋势预测等诸多方面存在困惑。要实现园艺生产的高产高效，并尽可能地减少农药、化肥施用量以保障产品食用安全和生产环境的健康，离不开科技的支撑。

　　根据目前农村果蔬产业的生产现状和实际需求，机械工业出版社坚持高起点、高质量、高标准的原则，组织全国 20 多家农业科研院所中理论和实践经验丰富的教师、科研人员及一线技术人员编写了"高效种植致富直通车"丛书。该丛书以蔬菜、果树的高效种植为基本点，全面介绍了主要果蔬的高效栽培技术、棚室果蔬高效栽培技术和病虫害诊断与防治技术、果树整形修剪技术、农村经济作物栽培技术等，基本涵盖了主要的果蔬作物类型，内容全面，突出实用性、可操作性、指导性强。

　　整套图书力避大段晦涩文字的说教，编写形式新颖，采取图、表、文结合的方式，穿插重点、难点、窍门或提示等小栏目。此外，为提高技术的可借鉴性，书中配有果蔬优势产区种植能手的实例介绍，以便于种植者之间的交流和学习。

　　丛书针对性强，适合农村种植业者、农业技术人员和院校相关专业师生阅读参考。希望本套丛书能为农村果蔬产业科技进步和产业发展做出贡献，同时也恳请读者对书中的不当和错误之处提出宝贵意见，以便补正。

中国农业大学农学与生物技术学院

前　言

　　枣树（*Ziziphus jujuba* Mill）属于鼠李科枣属植物，原产于我国，栽培历史悠久，是我国重要的特色果树树种之一。枣树品种多且寓意吉祥，枣果营养丰富，干鲜食用，可以加工成各种食品，历来备受人们重视与喜爱，栽植非常普遍。近年来，枣树管理方便、枣果价格合理，刺激了枣产业迅速发展，栽培面积和产量逐年递增。

　　在枣树生长过程中，由于生态环境相对稳定，有利于多种生物栖居和繁衍，因此为害枣树的病虫害种类较多，严重影响枣树的生长发育、开花结果、果实的产量和品质，造成减产和减收。据调查，常见的枣树病、虫有上百种，但为害严重的仅有几十种。为了保证枣树正常生长和结果，提高果实的产量和品质，人们不得不控制这些主要的病虫害。识别病、虫和天敌，掌握其发生特点和影响因素，采取有效的方法，方能做到科学控制。

　　本书以服务于广大枣树种植专业户和基层技术人员为出发点，在编写内容上力求满足生产实际需要，采用通俗易懂的语言进行叙述，以便于读者掌握和操作。书中对目前我国枣树上发生的主要病害与虫害的症状、形态特征、发生特点、综合防治技术进行了详述，对枣树物候期、枣园主要天敌、无公害新药剂及配制方法进行了简述，并且配有多幅彩色图片，便于读者识别和判断；对需要特别注意的地方，在文中进行了专门提示。

　　由于我国枣树种植区域广阔，气候条件和地理环境差异很大，本书描述的病、虫发生代数和时间只是一个大致规律，不能和各地一一对应，请读者谅解。另外，由于目前用于枣树的已登记农药品种很少，本书只好参照用于苹果、柑橘等大宗果树的已登记农药品种，结合编者研究和生产上的使用情况，推荐了一些高效、低毒、低残留农药。书中所推荐的防治药剂和浓度仅供读者参考，不可照搬硬套，因为药剂的防治效果受温度、湿度、降水、光照，以及病、虫的状态，药剂含量和剂型等多因素影响，而且不同枣树品种和生育时期对药剂的敏感度不同，建议读者在使用药剂前仔细阅读生产厂家提供的产品说明书，并结合枣树的实际情况进行操作。

在本书编写过程中，编者参考和引用了许多国内外相关书籍和文献中的内容，在此对撰写这些书籍和文献的作者表示诚挚的感谢。

由于编者水平有限，书中可能有错误和疏漏之处，敬请广大读者和同行专家批评指正。

编　者

目 录

序

前言

1 第一章 枣树病虫害基本知识

31 第二章 枣树病害诊断与防治

59 第三章 枣树虫害诊断与防治

109 附录

114 参考文献

第一章
枣树病虫害基本知识

>>> 一、枣树的物候期 <<<

　　枣树的生长发育对温度要求较高，其发芽晚、落叶早，年生长周期相对其他果树短。枣树物候期主要包括休眠期、萌芽期、展叶期、初花期、盛花期、坐果期、果实膨大期、果实白熟期、果实脆熟期、果实完熟期、落叶期。

　　（1）休眠期　休眠期是指树体从落叶到萌芽的时期（图1-1和图1-2）。

图1-1　休眠期枣树

图1-2　休眠期枣股

　　（2）萌芽期　萌芽期是指芽体鳞片膨大开裂，顶部显绿的时期（图1-3和图1-4）。

图1-3　萌芽初期

图1-4　萌芽后期

（3）展叶期 展叶期是指发育枝或结果枝萌生，枝长2厘米左右，基部幼叶开始展平的时期（图1-5和图1-6）。

图1-5 展叶初期

图1-6 展叶盛期

（4）初花期 初花期是指从开始开花至全树20%左右的花开放的时期（图1-7）。

（5）盛花期 盛花期是指开花量占全树总花蕾数的30%～70%的时期，其中全树30%左右的花开放为盛花初期，50%左右的花开放为盛花期，70%左右的花开放为盛花末期，如图1-8所示。

图1-7 初花期

图1-8 盛花期

3

（6）坐果期　坐果期是指枣花演变成锥形幼果的时期（图1-9）。

（7）果实膨大期　果实膨大期是指果实加速生长，体积和重量明显增加，果核变硬的时期（图1-10）。

图1-9　坐果期

图1-10　果实膨大期

（8）果实白熟期　果实白熟期是指果实外形不再变化，果皮褪绿变白的时期（图1-11）。

（9）果实脆熟期　果实脆熟期是指果实体积和重量增长终止，果皮颜色局部转红并逐渐扩展到全红的时期（图1-12）。

图1-11　果实白熟期

图1-12　果实脆熟期

（10）果实完熟期　果实成熟终期，果皮红色加深，含水量下降，质地逐渐变软，脆度下降，果实中干物质和糖分的含量达到最高，北方枣区称其为糖心期（图1-13）。

（11）落叶期　落叶期是指秋末果树叶片正常脱落的时期（图1-14）。

图1-13　果实完熟期

图1-14　落叶期枣树

二、枣树病害分类

按照病害是否传播与侵染，将枣树病害分为侵染性病害和非侵染性病害。

1. 侵染性病害 >>>>

由致病真菌、细菌、病毒、线虫等生物因子引起的病害称为侵染性病害，如枣炭疽病、枣锈病和枣疯病等。侵染性病害绝大多数可以传染，可通过气流、雨水、嫁接、工具和昆虫等传播，发病后有明显的变色、坏死、腐烂、萎蔫和畸形等症状。按照病原体的分类，分为真菌性病害、细菌性病害、病毒性病害和线虫病等。枣树的多数病害属于真菌性病害，但枣疯病由类菌原体致病，而类菌原体是介于病毒和细菌之间的多形态质粒。

2. 非侵染性病害 >>>>

由非生物因子引起的病害称为非侵染性病害，也叫生理性病害，如日灼、冻害、裂果、缺素病和肥害等。该类病害主要由恶劣天气、肥料失衡引起，不能传播。

▶▶ 三、枣树虫害分类 ◀◀

为害枣树的害虫（螨）有多种，人们根据害虫为害果树部位和方式的不同，把枣树害虫分为食叶害虫（枣瘿蚊、尺蠖、枣黏虫、刺蛾）、枝干害虫（天牛、豹蠹蛾、黑蚱蝉）、蛀果害虫（桃小食心虫、桔小实蝇、枣实蝇）。根据害虫的口器和取食方式，又把害虫分为刺吸式害虫和咀嚼式害虫。

1. 刺吸式害虫 >>>>

刺吸式害虫是指那些拥有细长针状刺吸式口器的害虫，如蚜虫、绿盲蝽、介壳虫、黑蚱蝉（图1-15）、茶翅蝽、螨类等。这类害虫通过刺和吸来取食枣树汁液和传播枣疯病，受害部位常出现各种颜色的斑点或畸形，引起叶片皱缩、卷曲、破烂

图1-15　黑蚱蝉若虫的刺吸式口器

等。防治该类害虫适合选用内吸性杀虫剂。

2. 咀嚼式害虫 >>>>

咀嚼式害虫是指拥有咀嚼式口器的一类害虫，具有上下唇和

坚硬的上下颚（牙齿）。这类害虫都咬食固体食物，为害枣树的叶、花、果实和枝干，造成缺刻、孔洞、折断和钻蛀茎干等，如枣尺蠖、枣黏虫、刺蛾、毛虫（图1-16）和食心虫等害虫的幼虫，以及金龟甲类、天牛类的成虫和幼虫。防治该类害虫适合选用胃毒性杀虫剂。

图1-16　毛虫的咀嚼式口器

▶▶▶ 四、影响病虫害发生的主要因素 ◀◀

引起病虫害的病原微生物和害虫，其生长发育和繁衍必须在有适宜寄主植物和生活环境条件下才能正常完成，因此影响枣树病虫害发生的三大因素为病原微生物和害虫的来源、寄主枣树、环境条件。

1. 病原微生物和害虫的来源 >>>>

枣树病虫害的危害必须要有大量的侵染力强的病原体或害虫存在，并能通过一定途径很快传播到枣树上，只有病原体（害虫）的数量足够多才能造成广泛的侵染和繁衍后代。病原体（害虫）越冬的数量是次年进行初侵染的基础，同年繁殖的后代是加重危害的主力军。

2. 寄主枣树 >>>>

在枣园，病原体（害虫）的适宜食物就是枣树的各个部位，不同的病原体（害虫）危害枣树的部位不同。枣树不同品种间对病虫害的抵抗能力也不同，如绿盲蝽对冬枣的危害重于圆铃大枣，酸铃枣遇雨易发生裂果。圆枣、团枣易感染枣锈病，灰枣、灵宝大枣、沧州金丝小枣比较易感枣锈病，新郑九月青、河北赞皇大枣、安徽小枣等较为抗枣锈病。所以，大面积（单一）连片种植感病（虫）品种是病虫害流行的先决条件。

3. 环境条件 >>>>

对枣树病虫害发生影响较大的环境条件主要包括以下三类。

（1）气候和土壤环境　气候和土壤环境主要是指温度、湿度、光照，以及土壤结构、含水量、通气性等。枣园内高温高湿有利于枣树多种病害的发生，如轮纹病和炭疽病等；高温干燥有利于枣红蜘蛛和锈壁虱的发生。多数病菌可被强太阳光和紫外线杀死，所以果园通风透光既可以降低果园内的温湿度，又可以利用太阳光杀菌，不利于真菌和细菌病害发生。土壤盐碱和板结不利于枣树吸收铁元素，导致缺铁性黄叶病的发生。

（2）生物环境　生物环境包括昆虫、微生物和中间寄主等。枣园里有很多昆虫、蜘蛛和微生物，但有好坏之分。其中，危害枣树的昆虫、蜘蛛和病原微生物被称为有害生物，也就是我们常说的病虫害。而那些以有害生物为食物的昆虫、蜘蛛和微生物被称为有益生物，也叫天敌生物、天敌昆虫、生防菌，如瓢虫、草蛉、捕食螨、寄生蜂和白僵菌等。另外，还有一些传播枣疯病的昆虫，称为传毒昆虫。还有一些帮助果树传粉的昆虫，如蜜蜂和壁蜂等。

枣园周围和园内种植的其他植物也影响枣树病虫害的发生。例如，枣园内和周围种植棉花、苜蓿等绿盲蝽喜欢取食的植物，容易招引绿盲蝽到枣树上为害；过去山东黄河以北的枣树极少发生枣疯病，随着一些外来绿化树种和花卉的引入、栽植，可能把枣疯病病原和传毒昆虫带入，目前患枣疯病的枣树的数量逐渐增多。桃小食心虫还为害苹果、海棠、山楂、木瓜和杏等树木的果实，这些果树与枣树混栽，将会加重桃小食心虫对枣果的危害。

（3）管理措施 管理措施包括种植方式（重茬、间作和大棚等）、栽植密度、施肥、灌水和修剪管理等。枣树不能重茬栽植，易发生根腐病和缺素症等。枣树种植过密或修剪不合理均不利于通风透光，造成温湿度较高，容易引起多种病害严重发生。多施速效氮肥有利于果实膨大和增产，但枣树对病虫害的抵抗能力降低；多施富有全营养的有机粪肥，可以增强树体的抗病性，治疗缺素症。田间精细管理，能及时发现病虫害，及早防治于发生初期，控制病虫害的暴发与流行。

（4）人为干扰 人类为了果树生产和经济效益，常采取引种和水果远距离销售。随着果树苗木引种、果品及林木调运，病虫害也会随之从一个地方迁移到另一个地方，这也是病虫害长距离传播的主要方式。例如，桔小实蝇随南方水果北运，由南方果园带到北方果品批发市场，进一步随果实销售传播到城市郊区和乡村，故造成在局部地区严重危害枣果；枣疯病可随苗木、接穗传播到其他地方危害更多的枣树。

另外，为了防治杂草和保持土壤温湿度，目前常在树下覆盖防草地布，这为枣树红蜘蛛越冬提供了有利场所。设施栽培枣树，可以促进枣树早结果、早成熟，防止雨淋造成裂果。但是，延长枣树生长时间，提早物候期，必然导致一些病原微生物和害虫发生期提前，年发生代数增加。

还有，人类不合理用药、杀伤自然天敌和促进了病原微生物和害虫产生抗药性，导致一些病虫害暴发和猖獗。

五、枣树病虫害的防治方法

1. 植物检疫 >>>>>

植物检疫就是国家以法律手段，制定出一整套法令规定，由专门机构（检疫局、检疫站和海关等）执行，对应接受检疫的植物和植物产品进行严格检查，控制有害生物传入或带出及在国内传播，是用来防止有害生物传播蔓延的一项根本性措施，又称为法规防治。作为枣树种植者来说，不要从检疫性病、虫（枣疯病、枣实蝇）发生区（疫区）购买和调运苗木、接穗和果品，以防将这些危险性病、虫带入，导致其在新的种植区（非疫区）为害，给枣树生产带来新困难，同时也影响果品和苗木向外销售。国家各检疫部门和有关检疫的网站上都有检疫性病、虫名录和疫区分布，需要时可上网查询，或者到附近的检疫机构（农业局和林业局的检疫站）询问。目前，可以从网上查的枣树检疫性害虫有枣实蝇、枣大球蚧、沙枣木虱和桔小实蝇等，需要高度警惕，不要引入和传播它们。

2. 农业防治 >>>>

农业防治是在有利于枣树生产的前提下，通过改变栽培制度、选用抗（耐）病虫害品种、加强栽培管理及改造生长环境等措施来抑制或减轻病虫害的发生。通常采用轮作、清洁果园、施肥、灌水、翻土、修剪和合理除草等来消灭病虫害，或者根据病原微生物和害虫的发生特点进行人工捕杀、摘除病虫叶或果来消灭病虫害。在枣树生产中农业防治方法用得很多，几乎每种病虫害的防治都能用到，如选择栽植抗病品种、冬季清理树下落叶和落果（因为一些病原微生物和害虫在上面越冬，见图1-17和图1-18）、剪除病虫枝、刮除老翘皮（图1-19和图1-20）；人工捕杀天牛、茶翅蝽、金龟子、舟形毛虫和刺蛾等；合理施肥和灌水，以增强树体抵抗病虫害和不良环境的能力；合理修剪，使树体的通风透光性增强，降低湿度，抑制病虫害发生。

图1-17 冬季枣园内的落叶

图1-18 冬季枣园内的病僵果

图1-19 刮过树皮的枣树主干

图1-20 刮过树皮的枣树树干

3. 物理防治 >>>>

物理防治是指利用简单的工具和各种物理因素，如器械、装置、光、热、电、温度、湿度、放射能、声波、颜色和气味等防治病虫害的措施。在枣园常用的方法：树干上缠诱虫带（图1-21）、黑光灯诱杀（图1-22）、粘虫色板诱杀（图1-23）。树干上涂抹粘虫胶阻隔草履蚧和枣尺蠖上树。利用声音干扰昆虫和驱赶鸟，如驱鸟炮、音响等。利用高热处理土壤以灭杀其中生活的害虫、病菌、线虫和杂草种子等。悬挂糖醋液诱杀果蝇和金龟子等。

图1-21 在枣树树干上缠诱虫带和涂粘虫胶

图1-22 利用黑光灯诱杀害虫

提示 黄色粘虫板会粘杀部分寄生蜂、瓢虫和食蚜蝇等益虫（图1-24），应注意悬挂时间，掌握在枣瘿蚊成虫盛发期使用。

图1-23 在枣园悬挂粘虫色板

瓢虫

图1-24 利用黄色粘虫板粘瓢虫

4. 生物防治 >>>>

生物防治是指利用自然天敌生物防治病虫害，如以虫治虫、以菌治虫、以鸟治虫、以螨治螨和以菌抑菌等。或者利用性诱剂诱杀雄性成虫（该方法需用诱捕器，见图1-25和图1-26），干扰害虫交配并繁育后代。目前，由于人工繁殖天敌数量有限，生物防治应以保护自然天敌为主，同时释放补充天敌来控制病虫害。枣园常见的天敌昆虫有瓢虫（图1-27～图1-29）、食蚜蝇（图1-30）、螳螂（图1-31和图1-32）、草蛉（图1-33和图1-34）和寄生蜂（图1-35和图1-36）。另外，还有蜘蛛（图1-37）、捕食螨、食虫虻（图1-38）和白僵菌（图1-39）等害虫天敌生物。枣园生草和种植蜜源植物（图1-40），有利于招引传粉昆虫、自然天敌和丰富土壤微生物，目前已被很多枣园采用。

图1-25　三角形诱捕器

图1-26　船形诱捕器

图1-27　龟纹瓢虫成虫

图1-28　龟纹瓢虫的蛹

图 1-29　异色瓢虫成虫

图 1-30　食蚜蝇成虫

图 1-31　螳螂的卵蛸

图 1-32　螳螂若虫

图 1-33　草蛉成虫

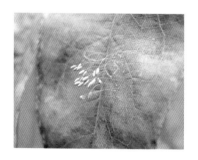

图 1-34　草蛉的卵（近孵化期）

图1-35 黄刺蛾的寄生蜂成虫

图1-36 一种绒茧蜂的茧

图1-37 枣园常见的蜘蛛

图1-38 食虫虻

图1-39 白僵菌寄生的桃小食心虫

图1-40 枣园种植留兰香

5. 化学防治 >>>>

化学防治又叫药剂防治，是指利用化学药剂的毒性来防治病虫害。目前，化学防治仍是控制果树病虫害的常用方法，也是综合防治中的一项重要措施（图1-41和图1-42），它具有快速、高效、方便、限制因素小和便于大面积使用等优点。但是，如果化学农药使用不当，便会引起人畜中毒、污染环境、

图1-41 枣树发芽前喷药

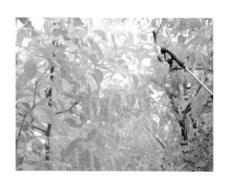

图1-42 枣树花期喷药

杀伤有益生物、造成农药残留和药害等；长期单一使用某种化学药剂，还会导致目标病原微生物和害虫产生抗药性，增加防治难度。所以，在防治枣树病虫害时，应选用高效、低毒、低风险的化学农药适时适量精准使用，并及时轮换、交替或合理混合使用，防止病原微生物和害虫快速产生抗药性而失去药效。

农药的使用必须遵循：

1）根据不同防治对象，选择国家已经登记的有关枣树的农药品种。

2）根据防治对象的发生情况确定施药时间，在其对药剂敏感期适时用药。

3）正确掌握用药量和药液浓度，掌握药剂的配制和稀释方法，保证准量使用，避免浪费和产生药害。

4）根据农药的特性和病虫害的发生特点，选用性能良好的喷雾器械和适当的施药方法，做到用药均匀分布，准确覆盖防治靶标，提高防治效果。

5）轮换或交替使用作用机理不同的农药，避免病原微生物和害虫产生抗药性。

6）防止盲目混用、滥用化学农药，避免人畜中毒、造成药害和降低药效等。严禁在果树上使用国家禁用的福美胂、退菌特、杀扑磷、甲胺磷、水胺硫磷、对硫磷（1605）、甲基对硫磷、三氯杀螨醇、甲拌磷（3911）、毒死蜱、克百威和百草枯等剧毒和高毒农药；严禁在枣树开花期喷洒杀虫剂伤害传粉昆虫，如阿维菌素、吡虫啉、噻虫嗪、拟除虫菊酯类和有机磷类杀虫剂等对蜜蜂有毒；严禁于枣树花期向地面喷洒除草剂而伤害枣花（图1-43和图1-44）、枣树，影响枣树坐果；严禁在安全间隔期和采收期使用农药而影响果品质量安全。

图1-43 喷洒除草剂的枣园

图1-44 被除草剂杀死的枣花

六、枣园常用农药

1. 石硫合剂 >>>>

石硫合剂是无机硫杀菌、杀虫剂，由硫黄、生石灰、水（1:2:10）熬制而成的深红棕色液体（图1-45和图1-46）。石硫合剂具有渗透和侵蚀病菌及害虫表皮蜡质层的能力，喷洒后在植物体表形成一层药膜，保护植物免受病菌侵害，适合在植株发病前或发病初期喷施。此药剂防治谱广，不仅能防治枣树的炭疽病、锈病和褐斑病等，对枣树红蜘蛛、锈壁虱和介壳虫等也有效。它低毒、安全，是生产绿色和有机果品允许使用的一种药剂。

图1-45 正在熬制的石硫合剂

图1-46 熬制好的石硫合剂

熬制石硫合剂剩余的残渣可以配制为保护树干的白涂剂，能防止日灼和冻害，兼有杀菌和治虫等作用，配制比例为：生石灰：石硫合剂（残渣）：水＝5：0.5：20，或者生石灰：石硫合剂（残渣）：食盐：动物油：水＝5：0.5：0.5：1：20。

🔊 **提示** 石硫合剂的熬制方法：熬制时，必须用生铁锅，使用铜锅或铝锅会影响药效。首先，称量好优质生石灰（块状）放入锅内，加入少量清水使生石灰消解，然后加足水量，加热烧开后滤出渣子，再把事先用少量热水调制好的硫黄糊自锅边慢慢倒入，同时进行搅拌，并记下水位线。继续加火熬煮，沸腾时开始计时，保持沸腾40～60分钟，熬煮中损失的水分要用热水补充，在停火前15分钟加足水到水位线。当锅中溶液呈深红棕色，渣子呈蓝绿色时，则可停火完成熬制。经过冷却、过滤或沉淀后，上清液即为石硫合剂母液。

2. 波尔多液 >>>>

波尔多液是无机铜素杀菌剂，由硫酸铜、熟石灰和水科学混合配制而成的天蓝色胶悬浊液，配料比可根据需要适当增减。生产上常用的波尔多液比例有：波尔多液石灰等量式（硫酸铜：生石灰＝1：1）、倍量式（1：2）、半量式（1：0.5）和多量式［1：(3-5)］。用水量一般为其用量的160～240倍。波尔多液呈碱性，有良好的黏附性能（图1-47），

图1-47 喷洒波尔多液后的叶片和果实

但久放物理性状易破坏，宜现配现用。它属于保护性杀菌剂，通过释放可溶性铜离子而抑制病原菌孢子萌发或菌丝生长，应在发病前均匀喷洒使用。波尔多液杀菌谱广，持效期长，可用于防治枣炭疽病、锈病、灰斑病、褐斑病和缩果病等多种真菌性和细菌性病害。其高效、低毒、安全，是生产绿色果品和有机果品允许使用的药剂。

提示 波尔多液的配制方法：硫酸铜、生石灰的比例及加水量要根据树种或品种对硫酸铜和石灰的敏感程度（对铜敏感的少用硫酸铜，对石灰敏感的少用石灰），以及防治对象、用药季节和气温的不同而定。选质量纯正、色白的块状生石灰和优质蓝色结晶的硫酸铜（图1-48）。配制容器不能选用金属器皿，以防被腐蚀，应选用塑料和陶瓷容器。把配制波尔多液所用的水平均分成2份，一份用于溶解硫酸铜，另一份用于溶解生石灰，待二者完全溶解后，再将二者同时缓慢倒入备用的容器中，不断搅拌，使其混合均匀。也可用总水量10%~20%的水溶解生石灰，80%~90%的水溶解硫酸铜，待其充分溶解后，将硫酸铜溶液缓慢倒入石灰乳中，边倒边搅拌即成波尔多液。切不可将石灰乳倒入硫酸铜溶液，否则配制的波尔多液质量不好。

图1-48 硫酸铜

3. 多菌灵 >>>>

多菌灵是一种高效的广谱内吸性杀菌剂，具有保护和治疗的作用，可用于叶面喷雾、种子处理和土壤处理等。它能有效防治枣炭疽病、轮纹病、灰斑病和褐斑病等多种真菌性病害。1 年最多使用 2 次，果实采收前 20 天停止使用。

4. 甲基硫菌灵 >>>>

甲基硫菌灵又称甲基托布津，是一种广谱内吸性杀菌剂，具有预防和治疗的作用，防治病害种类基本同多菌灵。果实采收前 14 天停止使用。

5. 代森锰锌 >>>>

代森锰锌是一种广谱、低毒、低残留的保护性杀菌剂，使用后可在叶片和果实的表面形成一层保护膜，抑制病菌孢子的萌发和入侵。它主要用于防治枣锈病、炭疽病和灰斑病等，适合在发病前和初期喷洒使用。

6. 戊唑醇 >>>>

戊唑醇具有内吸、保护和治疗活性。它杀菌谱广，可有效防治枣树锈病、褐斑病、炭疽病和轮纹病等。

⚠ **注意**　在枣核硬化前不要使用，容易抑制枣果膨大。

7. 苯醚甲环唑 >>>>

苯醚甲环唑又称噁醚唑、世冠、世高、真高，为广谱内吸性杀菌剂，施药后能被果树叶片迅速吸收，药效持久。它具有保护和治疗作用，可用于防治枣锈病、炭疽病、黑斑病和灰斑病等真菌性病害，适合在发病前及初期喷洒使用。

8. 吡唑醚菌酯 >>>>

吡唑醚菌酯为新型广谱高效杀菌剂，可以防治枣树炭疽病、黑斑病和轮纹病等多种真菌病害，具有保护、治疗、叶片渗透传导作用，并能提升作物抗逆性，促进作物生长，延缓衰老。

⚠️ **注意** 该药对水生生物有极高毒性，禁止使用时污染河流、湖泊和水库等；与乳油剂型的药剂混用易产生药害，请在枣园谨慎使用。

9. 嘧菌酯 >>>>

嘧菌酯又称阿米西达、安灭达，是一种内吸性杀菌剂，能被植物吸收和传导，具有保护、治疗和铲除效果。嘧菌酯高效、广谱，可有效防治枣炭疽病和叶斑病等。采收前 7 天停止使用。

10. 啶氧菌酯 >>>>

啶氧菌酯是一种新型杀菌剂，对病害具有内吸治疗作用，持效期长，可用于防治枣锈病、叶斑病和炭疽病等真菌性病害。啶氧菌酯对人畜低毒，对蜜蜂比较安全，但对水生生物不安全，禁止使用时污染水源。

11. 咪鲜胺 >>>>

咪鲜胺为广谱性杀菌剂，对病害具有保护和铲除作用，可防治枣树炭疽病、黑腐病和枣叶灰斑病等多种真菌病害。

⚠️ **注意**　该药有异味，适合在枣果生长前期使用，果实白熟期以后禁止使用，以免影响枣果风味。

12. 丙环唑 >>>>

丙环唑是一种具有保护和治疗作用，可被根、茎、叶部吸收，并能很快地在植物体内向上传导，广谱、高效、低毒的农药，主要用于防治枣叶灰斑病和枣锈病。

⚠️ **注意**　在枣核硬化前使用可能存在抑制生长的风险。

13. 苯甲·丙环唑 >>>>

苯甲·丙环唑是由苯醚甲环唑和丙环唑复配而成的一种杀菌剂，作用特点和防治病害种类同两种单剂，广谱、高效、低毒。采收前 7 天停止使用。

14. 阿维菌素 >>>>

阿维菌素又称齐螨素、虫螨杀星、虫螨克星，属于中等毒性的杀虫、杀螨剂，具有触杀和胃毒作用，在叶片上有很强的渗透性，可杀死叶片表皮下的害虫，不杀卵，对幼虫、成螨、幼螨和若螨高效，阿维菌素可用于防治枣树红蜘蛛、尺蠖、黏虫和食心虫等。

⚠️ **注意**　该药剂对蜜蜂、捕食性和寄生性天敌有一定的直接杀伤作用，不要在果树开花期施用；对鱼类高毒，应避免污染湖泊、池塘和河流等水源。果实采收前 20 天停止使用。

15. 甲维盐 >>>>

甲维盐的全称为甲氨基阿维菌素苯甲酸盐，是一种低毒、安全、低残留的杀虫剂，主要用于防治枣尺蠖、桃小食心虫和枣黏虫等鳞翅目害虫。

16. 吡虫啉 >>>>

吡虫啉是一种广谱内吸性杀虫剂，在植物上内吸性强，对刺吸式口器的介壳虫和螨类有较好的防治效果。

⚠️ **注意** 吡虫啉对蜜蜂有害，禁止在花期使用。果实采收前15～20天停止使用。

17. 啶虫脒 >>>>

啶虫脒是一种广谱内吸性杀虫剂，具有触杀、胃毒和内吸作用，在植物表面渗透性强。啶虫脒高效、低毒、持效期长，可防治枣树绿盲蝽、介壳虫、瘿蚊等。注意事项同吡虫啉。

18. 噻虫嗪 >>>>

噻虫嗪是一种高效、低毒的杀虫剂，对害虫具有胃毒、触杀及内吸活性，用于叶面喷雾及土壤灌根处理，对刺吸式害虫，如绿盲蝽和介壳虫等有良好的防效。

19. 螺虫乙酯 >>>>

螺虫乙酯的商品名称为亩旺特，是一种新型杀虫、杀螨剂，具有双向内吸传导性，可以在整个植物体内向上和向下移动，抵达叶面和树皮。螺虫乙酯高效、广谱，持效期长，可有效防治各种刺吸式口器害虫，如蚜虫、叶蝉、介壳虫、绿盲蝽和茶翅蜻等。

20. 氟啶虫胺腈 >>>>>

氟啶虫胺腈的商品名称为可立施、特福力，是一种新型内吸性杀虫剂，可经叶、茎、根吸收而进入植物体内，具有触杀、胃毒作用，广谱、高效、低毒，持效期长，可用于防治绿盲蜻、蚜虫、介壳虫和叶蝉等所有刺吸式口器害虫。

⚠ **注意** 该药剂直接喷施到蜜蜂身上对蜜蜂有毒，在蜜源植物和蜂群活动频繁区域，喷洒该药剂后需等作物表面药液彻底干了，才可以放蜂。禁止在枣树花期喷洒使用。

21. 灭幼脲 >>>>>

灭幼脲具有胃毒、触杀作用，无内吸性，杀虫效果比较缓慢，能抑制害虫体壁组织内几丁质的合成，使幼虫不能正常脱皮和发育变态，造成虫体畸形而死。灭幼脲主要用于防治枣尺蠖、枣黏虫和桃小食心虫等鳞翅目初孵化幼虫。

⚠ **注意** 该药剂对蚕、鱼和虾有毒，不可在桑园和养蚕场所使用，使用时不要污染水源。

22. 氯虫苯甲酰胺 >>>>>

氯虫苯甲酰胺是一种微毒、高效的新型杀虫剂，对害虫以胃毒作用为主，兼具触杀作用，对鳞翅目初孵幼虫有特效。该药剂杀虫谱广，持效期长，对有益昆虫、鱼和虾也比较安全。该杀虫剂用于防治枣黏虫和桃小食心虫，在成虫发生盛期后 1~2 天，用35%氯虫苯甲酰胺水分散粒剂8000～10000倍液均匀喷洒枝叶和果实。

23. 氯虫苯甲酰胺·高效氟氯氰菊酯 >>>>

15%氯虫苯甲酰胺·高效氯氟氰菊酯微囊悬浮剂是由氯虫苯甲酰胺和高效氟氯氰菊酯按一定比例混配而成的，扩大了杀虫谱，提高了速效性和防治效果，并能延缓害虫产生抗药性，可有效防治枣树上的食心虫、尺蠖、枣黏虫和毛虫。

24. 功夫菊酯 >>>>

功夫菊酯又称功夫，为拟除虫菊酯类杀虫剂，具有触杀、胃毒作用，击倒速度快，杀卵活性高，杀虫谱广，可用于防治枣树上的绿盲蝽、枣芽象甲、枣黏虫、枣瘿蚊、刺蛾、毛虫类和食心虫等大多数害虫，对人、畜毒性中等，对果树比较安全。

⚠ **注意** 该药剂对蜜蜂有毒，对家蚕、鱼类高毒，禁止在果树花期使用，使用时不可污染水域及养蜂、养蚕场地。害虫易对该药剂产生抗药性，不宜连续多次使用，应与螺虫乙酯、吡虫啉、氯虫苯甲酰胺交替使用。

25. 高效氯氰菊酯 >>>>

高效氯氰菊酯具有触杀、胃毒作用和高杀卵活性，杀虫谱广，击倒速度快。防治对象和注意事项同功夫菊酯。

26. 溴氰菊酯 >>>>

溴氰菊酯的商品名为敌杀死，具有触杀、胃毒杀虫活性，杀卵性强，对枣黏虫和桃小食心虫等鳞翅目害虫的卵高效。溴氰菊酯的防治谱广，可有效防治绿盲蝽、枣瘿蚊、桃小食心虫、枣黏虫、尺蠖、刺蛾和象甲等多种害虫。注意事项同功夫菊酯。

27. 哒螨灵 >>>>

哒螨灵的商品名为哒螨酮、速螨酮、哒螨净、速克螨、扫螨净、螨斯净等，为广谱触杀性杀螨剂，对螨卵、幼螨、若螨和成螨都有很好的灭杀效果，速效性好、持效期长，可在枣红蜘蛛大发生期使用，对二斑叶螨防效很差。

⚠️ **注意**　该药剂对鸟类低毒，对鱼、虾和蜜蜂毒性较高，禁止在枣树花期使用。

28. 三唑锡 >>>>

三唑锡的商品名为倍乐霸、三唑环锡、螨无踪等，具有强触杀作用，可杀灭幼螨、若螨、成螨和夏卵，对越冬卵无效。三唑锡的杀螨谱广、速效性好、残效期长，可有效防治枣树红蜘蛛和锈壁虱。

⚠️ **注意**　该药剂不能与波尔多液、石硫合剂等碱性农药混用，与波尔多液的间隔使用时间应超过 10 天。三唑锡对鱼毒性高，使用时不要污染水源。

29. 螺螨酯 >>>>

螺螨酯的商品名为螨危、螨威多，具有触杀作用，对幼螨、若螨效果好，直接杀死成螨效果差，但能抑制雌成螨繁育后代。该药剂持效期长，一般控制害螨 40 余天，但药效较迟缓，药后

3~7天达到较高防效；杀螨谱广，对多种害螨均有很好的防治效果，适合在枣红蜘蛛和锈壁虱发生初期使用。

⚠️ **注意** 该药剂对蜜蜂有毒，禁止枣树花期使用；对水生生物有毒，严禁污染水源。

30. 联苯肼酯 >>>>

联苯肼酯的商品名为爱卡螨，是一种新型杀螨剂，对各螨态有效。该药剂速效性好，害螨接触药剂后很快停止取食，48~72小时死亡。防治枣树上的红蜘蛛和锈壁虱，可在发生初盛期用43%联苯肼酯悬浮剂2000~3000倍液均匀喷洒枣叶和果。

31. 赤霉酸 >>>>

赤霉酸又称赤霉素、九二〇，是一个广谱性植物生长调节剂，可促进作物生长发育，减少蕾、花、果实的脱落，提高果实结果率，在枣树上主要用于提高坐果率。在枣树初花期和盛花期各喷洒一次赤霉酸10~20毫克/千克药液，可显著提高坐果率，促进果实生长。

⚠️ **注意** 不同枣树品种对赤霉酸的敏感度不同，需要先试验找到适宜浓度和施药时期，然后大面积使用，以防无效或出现药害。

>>> 七、药液配制方法 <<<

采用喷雾方法防治病虫害时，应先用水稀释农药到一定浓度的药液，方可均匀喷洒，发挥药剂防病杀虫的作用。药液浓度经常用三种方式表示。

（1）倍数浓度　倍数浓度是喷洒农药最常用的一种表示方法。所谓××倍，是指水的用量为药剂用量的××倍。配制时，可用下列公式计算：

药剂用量（毫升或克）＝稀释后的药液量（毫升或克）×1000÷稀释倍数。

例1：配制 2.5% 溴氰菊酯乳油 2000 倍液 300 升，需要量取药剂多少毫升？

药剂用量＝300 升×1000÷2000（倍数）＝150 毫升

配制药液时，用量筒或量杯取 2.5% 溴氰菊酯乳油 150 毫升，然后加入 300 千克清水中，搅拌均匀即成稀释 2000 倍的药液。

例2：配制 75% 甲基硫菌灵可湿性粉剂 600 倍液 15 千克（等于 30 斤），需要称量多少药剂？

药剂用量＝15 千克×1000÷600＝25 克

配制药液时，用天平称量 25 克 75% 甲基硫菌灵可湿性粉剂，然后倒入 15 千克水中，搅拌均匀即成稀释 600 倍的药液。

（2）有效成分用量　现在用毫克/千克表示，过去用百万分比浓度"ppm"表示，也叫百万分之一含量。

例3：配制 25 毫克/千克的赤霉酸药液 15 千克，配制时选用药剂为 20% 赤霉酸可溶性粉剂，需要如何配制？

称取药剂量（克）＝（15 千克×1000）÷

（20×10000÷25 毫克/千克）＝1.875 克

⚠ **注意**　公式中 15 千克×1000 是把 15 千克药液转换为以克计量，20×10000 是把 20% 转换为以毫克/千克计量，25 毫克/千克为需要配制的药液浓度，（20×10000÷25 毫克/千克）相当于计算的药剂稀释倍数。

配制药液时，用天平称量 1.875 克的 20% 赤霉酸可溶性粉剂，然后加入到 15 千克水中，搅拌均匀即成 25 毫克/千克的赤霉酸药液。

（3）百分比浓度　百分比浓度表示法是指农药的百分比含量。例如，15% 哒螨灵乳油就是指 100 毫升中含哒螨灵原药 15毫升；0.3% 硼砂（硼酸钠）水溶液是指在 100 千克清水中含有0.3 千克的纯硼砂。

例 4：用含量为 90% 的硼砂稀释配制成 0.3% 硼砂水溶液 50千克，该如何配制呢？

第一步：计算需要称量多少克的 90% 硼砂。

硼砂用量 =（50 千克 ×1000）÷（90%÷0.3%）= 166.7 克

第二步：用天平称量 90% 硼砂 166.7 克。

第三步：把称量的硼砂加入 50 千克清水中，搅拌至硼砂全部溶解后即成 0.3% 硼砂溶液。

第二章
枣树病害诊断与防治

枣树在年生育期内常遭受绿盲蝽、枣瘿蚊、枣尺蠖、枣黏虫、枣瘿螨、桃小食心虫、日本龟蜡蚧、枣锈病、枣黑腐病、枣炭疽病和枣疯病等为害，直接影响枣果的产量和品质，降低了经济效益。同时，异常天气造成的自然灾害（风、雨、冻、涝、旱、冰雹和高温等）和肥水失衡，也会导致枣树非侵染性生理病害的发生，严重降低枣果的产量和品质。因此，在枣树生产管理中，必须及时科学地防控病虫害和采取避灾抗逆措施，以保证枣树健康生长，达到果实优质高产。下面针对枣树上发生的每种主要病害的发病症状、发病特点及防治方法进行简要叙述。

1. 枣树枝干腐烂病 >>>>

枣树枝干腐烂病与苹果腐烂病类似，在冬枣枝干上发生比较严重。该病害发生严重时能破坏形成层，使木质部变黑。枣树枝干腐烂病是造成枣树死枝、死树的主要病害之一。

【发病症状】

枣树枝干腐烂病主要发生在枝干上，症状有两种，即溃疡型和干腐型。

（1）溃疡型　发生在成龄枣树的主枝、侧枝或主干上，常以皮孔为中心，形成暗红褐色圆形小斑，边缘色泽较深。病部皮层稍隆起，病斑表面常湿润，并溢出茶褐色黏液，病皮易剥离。后期病部干缩凹陷，呈暗褐色，病部与健部之间裂开，表面密生黑色小粒点。

（2）干腐型　在成龄树和幼龄树上均可发生，病斑多分布在背阴面，尤其在遭受冻害的部位。病斑开始为浅紫色，沿枝干纵向扩展，逐渐干枯、凹陷，较坚硬，表面密生黑色小粒点。幼树定植后，初于嫁接口或砧木剪口附近形成不规则形紫褐色至黑褐色病斑（图2-1），沿枝干逐渐向上（或向下）扩展，使幼树迅速枯死。以后病部失水，凹陷皱缩，表皮呈纸膜状剥离，病部表面也密生黑色小粒点（图2-2）。

图2-1　枣树枝干腐烂病　发病初期

图2-2　枣树枝干腐烂病　发病后期

【发病特点】

病原菌在枝干病斑上越冬。春季病菌扩散并产生分生孢子，分生孢子随风雨传播到其他树体上。孢子萌发后多从伤口侵入皮层，也可从枯芽、皮孔等处侵入树体，引起枝干发病产生病斑，早春、晚秋发病较重。树体衰弱抗病力差，以及有伤口、虫口都利于病菌侵染。冬季过度低温、春季倒春寒容易引起腐烂病大发生。

【防治方法】

（1）农业防治　加强树体管理，提倡健康栽培。枣树生长后期尤其在采果结束后，应施足有机肥或生物菌肥，减少速效氮肥的使用量，增强树势和抗病性。晚秋、早春应检查枣树枝干、根颈、嫁接口部位，发现病斑及时涂药防治。冬季修剪的树枝及病枝干桩应移出枣园，粉碎后沤肥处理，防止病菌滋生传播和侵染健康树体。

（2）化学防治 修剪枣树时，重型剪口和锯口可用甲口愈合剂涂抹预防病菌侵染。早春和晚秋均检查和刮治病斑，用刮皮刀彻底刮净病组织，然后将辛菌·吗啉胍原液按照说明书兑水＋渗透剂均匀涂抹病疤，隔半个月再涂抹 1 次。枣树萌芽前喷洒 5 波美度石硫合剂，以后每次喷洒杀菌剂时，应仔细喷洒所有枝干。

🔊 提示 刮治病斑时，一定要把刮下的病皮收集起来，带出园外烧毁，以消灭病菌。

2. 枣锈病 >>>>

枣锈病俗称枣雾，由真菌致病，在我国枣产区均有发生。枣锈病常在果实膨大期发生，引起大量落叶，影响果实生长和营养物质积累，枣果皱缩味差，产量和品质严重下降。

〔发病症状〕

枣锈病主要为害叶片（图2-3）。发病初期，在叶片背面先出现散生或聚生凸起的土黄色小疱，即病原菌的夏孢子堆（图2-4）。夏孢子堆形状不规则，直径为 0.2～1 毫米，在叶脉两旁常有多个夏孢子堆连接在一起呈条状。夏孢子堆成熟后破裂散出黄色粉末（即夏孢子），此时在叶片正面对应位置会出现不规则褪绿小斑点，以后逐渐变成黄褐色角斑（图2-5），最后斑干枯脱落。当病斑多时（图2-6），叶片无法进行光合作用并提前脱落，落叶先由树冠下部的内膛开始，逐渐向外、向上部蔓延。严重时可引起树上全部叶片脱落，只留下未成熟的小枣挂在树上，以后果实失水皱缩，不能食用，严重影响当年和次年枣果产量及树体生长。秋季，病叶上夏孢子堆旁边又长出黑褐色、不规则形的冬孢子堆，直径为 0.2～0.5 毫米。

图 2-3 枣锈病初期症状
（叶片正面）

图 2-4 枣锈病初期症状
（叶片背面）

孙广清 摄

图 2-5 枣锈病中期症状
（叶片正面）

孙广清 摄

图 2-6 枣锈病中期症状
（叶片背面）

〔发病特点〕

病原菌主要以夏孢子堆在病落叶上越冬，也可以菌丝在病芽中越冬。次年 6～7 月随着降雨，夏孢子借风雨传播到叶片上，从叶片正面和背面直接侵入引起初次感染。叶片发病后，又可产生夏孢子进行多次再侵染。8～10 月是该病的盛发期，严重时可引起落叶。枣锈病发生的轻重与 7～8 月降雨密切相关，雨多发病重，雨少发病轻。在低洼地栽种枣树，或者间种玉米和高粱等高秆作物及经常浇水的枣园，容易导致枣锈病严重发生。

枣树不同品种对枣锈病的抗性有差异，扁核酸枣、鸡心枣、圆枣和团枣易感病，灰枣、灵宝大枣、沧州金丝小枣比较易感病，新郑九月青、内黄核桃纹、河北赞皇大枣和安徽小枣等比较抗病。

【防治方法】

（1）农业防治 选择栽植耐病和抗病品种，不在低洼地建园，采用宽行、起垄栽植。合理疏剪枝条，以利于树冠通风透光；行间不种植高秆作物和经常浇水的蔬菜，雨季及时排水，降低枣园湿度，抑制病害发生。秋季落叶后，结合冬季修剪和沟施基肥彻底清扫树下落叶，集中烧毁或掩埋于施肥沟内，以减少越冬菌源。

（2）化学防治 病害发生前，树上喷洒 1 : 2 : 200 波尔多液（即硫酸铜 1 份、生石灰 2 份、水 200 份）或松脂酸铜进行保护。发病初期，树上立即喷洒 25% 三唑酮乳油 1000 ~ 1500 倍液或 10% 苯醚甲环唑水分散粒剂 2000 倍液进行治疗，间隔 10 ~ 15 天喷 1 次，共喷洒 2 ~ 3 次。此两种杀菌剂与波尔多液交替使用可有效控制枣锈病流行和为害。

3. 枣灰斑病 >>>>

枣灰斑病属于真菌性病害，我国主要分布于安徽、河南、四川和云南等枣区，一般发生程度比较轻。

【发病症状】

枣灰斑病主要侵害叶片。叶片发病初期出现圆形或近圆形暗褐色斑点（图 2-7），后期中央变为灰白色，边缘为褐色（图 2-8）。斑上散生黑色小点，即病原菌的分生孢子器。

图2-7　枣灰斑病初期症状

图2-8　枣灰斑病后期症状

〔发病特点〕

病原菌以分生孢子器在病叶上越冬。次年枣树生长期，分生孢子借风雨传播，侵染健康叶片引起发病。高温、多雨有利于该病发生。

〔防治方法〕

（1）农业防治　秋季清扫落叶，集中烧毁或掩埋，以减少病菌来源。

（2）化学防治　发病初期，树上立即均匀喷洒70%甲基硫菌灵可湿性粉剂800倍液，或50%多菌灵可湿性粉剂800倍液，或25%吡唑醚菌酯乳油1000~2000倍液，控制病害的发生和发展。

4. 枣褐斑病 >>>>

枣褐斑病又称枣黑腐病、枣僵烂病，多由真菌和细菌混合侵染致病，在我国南北方枣区普遍发生严重，是为害枣果的一种主要病害，可造成显著减产，甚至绝收。

〔发病症状〕

枣褐斑病主要侵害枣果，引起果实腐烂和提早脱落。发病时期主要是枣果白熟期。发病初期先在枣果肩部或胴部出现浅黄色不规则的变色斑，边缘较清晰（图2-9），以后病斑逐渐扩大，病部稍有凹陷或皱褶（图2-10）。后期病斑颜色加深变成红褐色，最后整个病果呈黑褐色（图2-11）。病部果肉为浅土黄色小斑块，严重时大片直至整个果肉变为褐色，最后呈灰黑色至黑色，病组织松软呈海绵状，味苦。成熟期果实发病，果面出现褐色斑点并

图2-9 枣褐斑病初期症状

逐渐扩大，呈长椭圆形病斑，果肉呈软腐状，严重时全果软腐，2～3天后即落果。病果落地后，在潮湿条件下病部长出的许多黑色小粒点，以及越冬病僵果的表面产生的黑褐色球状凸起，均为病原菌的分生孢子器。

图2-10 枣褐斑病中期症状

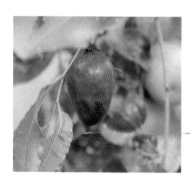

图2-11 枣褐斑病后期症状

〔发病特点〕

病原菌以菌丝、分生孢子器和分生孢子在病僵果和枯死的枝条上越冬。次年夏季，分生孢子借风雨、昆虫等传播，从伤

口、虫口、气孔或直接穿透枣果表皮侵入果实。病原菌在谢花后的幼果期便开始侵染，但不发病，处于潜伏状态。果实接近成熟时，潜伏病菌在果实内迅速生长与扩散，果实才发病、腐烂。当年发病早的病果落地后，又会产生分生孢子再次侵染树上好果。

发病的早晚和轻重，与当年的降雨次数和枣园内空气的相对湿度密切相关。阴雨天气多的年份，病害发生早且重；反之，则发生晚且轻。尤其8月中旬~9月，若连续阴雨天数多，则病害就会暴发成灾。当田间空气相对湿度在80%时，病害开始发生，连续3天空气相对湿度达到99%以上便可造成病害大发生。发病与树势的强弱有关，树势弱则发病早而重，树势强则发病晚而轻；与果实害虫发生也有关，椿象和桃小食心虫等为害枣果造成伤口，有利于病原菌从伤口侵入，故发病也重。开甲过大，伤口愈合晚，造成树势衰弱，也会加重病害发生。

〔防治方法〕

（1）农业防治　清扫树下落叶、落果，及时捡拾田间落果，集中烧毁或深埋，以减少病菌来源。实施宽行栽植，增施腐熟的农家肥，可以增强树势，提高抗病能力。田间尽量不种植作物和蔬菜。如果需种植，可间种花生和地瓜等矮秆植物，或者实施行间自然生草，并定期割草，以降低枣园湿度。

（2）及时防治害虫　做好绿盲蝽、茶翅蝽、介壳虫和食心虫等害虫的防治，减少病菌从虫孔侵入为害。

（3）化学防治　枣树发芽前，对全树均匀喷洒5波美度石硫合剂，以杀灭树体上的越冬菌源。从幼果期（6月下旬）开始喷药保护，有效药剂为1∶2∶200倍波尔多液，或25%吡唑醚菌酯乳油，或55%代森联水分散粒剂，或10%苯醚甲环唑水分散粒剂，或50%中生·噻唑锌可湿性粉剂。

5. 枣炭疽病 >>>>

枣炭疽病俗称焦叶病、烧茄子病，属于真菌性病害，侵害大枣、小枣和冬枣，在国内枣产区广泛分布，常引起枣果提前脱落和品质下降。

〔发病症状〕

枣炭疽病主要侵害果实，也可侵染枣吊、枣叶、枣头及枣股。在果肩或果腰的受害处，最初出现浅黄色水渍状斑点，逐渐扩大呈不规则形的黄褐色斑块，中间产生圆形凹陷病斑（图2-12），病斑扩大后连成片，呈红褐色（图2-13），引起落果。在潮湿条件下，病斑上能长出许多黄褐色小凸起，并能分泌粉红色黏性物质，即病原菌的分生孢子盘和分生孢子团。病斑下果肉变为黄褐色，呈漏斗形深达果核，果核变黑。病果晒干后肉味苦，蒸煮后病肉呈老鼠屎状黑块。叶片受害后变为黄绿色且早落，有的呈黑褐色焦枯状悬挂在枝头。

图2-12 枣炭疽病发病初期

图2-13 枣炭疽病发病后期

〔发病特点〕

枣炭疽病病菌以菌丝体潜伏于枣吊、枣头、枣股及病僵果内越冬。次年夏季，分生孢子借风雨、昆虫传播，从伤口、皮孔或直接穿透果实表皮侵入。该菌在田间有潜伏侵染现象，从枣树坐果期即可侵染，但一般到果实接近成熟时和采收期发病。枣炭疽病的发病程度与田间温湿度、降雨、田间管理和枣果制干方法等因素密切相关，雨季早、雨量多、天气阴雨连绵、枣园管理粗放及空气相对湿度大等均有利于发病。过去靠田间自然晾晒来加工干枣，由于干燥慢，需要日晒夜堆，容易形成高温高湿条件，易导致病情加重（图 2-14 和图 2-15）。近年来，采用炕烘法和炉烤法解决了烂枣问题。具体方法是，先将鲜枣在 55 ~ 70℃ 温度下烘烤 10 小时，再进行摊晒，可确保丰产。枣炭疽病的发生与枣树生长的强弱也有关，树势强，则发病率低；树势弱，则发病率高。管理粗放的枣园发病重，重病年份甚至绝收。

图 2-14 田间晾晒枣果

图 2-15 枣炭疽病果干枣

〔防治方法〕

（1）农业防治　结合冬季修剪，摘除残留的越冬老枣吊，清扫并深埋落地的枣吊、枣叶和果实，以减少侵染菌源。增施农家肥料，可增强树势，提高植株的抗病能力。合理修剪与间作，改善枣园通风透光条件，降低空气相对湿度。

（2）物理防治　采用炕烘法和炉烤法制作干枣，防治晾晒期间病害发生与扩散。

（3）化学防治　结合防治枣锈病和枣褐斑病等，田间及时喷洒有效杀菌剂，几种杀菌剂交替使用，避免产生抗药性。枣树萌芽前，用 5 波美度石硫合剂喷洒枝干；幼果期至成熟期喷洒 1∶2∶200 波尔多液，或 70% 甲基硫菌灵可湿性粉剂 800 倍液，或 50% 多菌灵可湿性粉剂 800 倍液，或 50% 嘧菌酯水分散粒剂 5000～7000 倍液，或 25% 吡唑醚菌酯乳油 1000～2000 倍液，或 40% 戊唑醇可湿性粉剂 3000 倍液，或 10% 苯醚甲环唑水分散粒剂 2000～2500 倍液。

6. 枣缩果病 >>>>

枣缩果病又称枣铁皮病、枣萎蔫果病，俗称雾抄、雾落头、雾焯、铁焦、束腰病等，在我国枣区广泛发生，由几种真菌和细菌联合侵染引起，多为细菌，常与炭疽病同时发生。

〔发病症状〕

枣缩果病主要侵害果实。发病初期果面产生黄褐色不规则小病斑，边缘比较清晰，随着病斑的扩大，会合成不规则云状病斑（图 2-16 和图 2-17）。有的病果从果梗开始有浅褐色条纹，排列整齐，果肉呈浅褐色海绵状坏死，坏死组织逐渐向深层延伸，造成果肉味苦。以后病部为暗红色，果面失去光泽，病果逐渐干缩、凹陷，果皮皱缩（图 2-18），果柄变为褐色或黑褐色，病果

图 2-16 枣缩果病发病初期

图 2-17 枣缩果病发病中期

提前脱落（图2-19）。

图2-18 枣缩果病发病后期

图2-19 枣缩果病落果

〔发病特点〕

该病原菌在枣树落叶和枝干上越冬。落花期病菌开始传播和侵染幼果，病菌呈潜伏状态不立即发病。到果实白熟期开始发病，近成熟期进入发病盛期。特别是枣果梗洼变红至果面1/3变红的着色前期，果肉含糖量达到18%以上，气温在26~28℃时是发病盛期。枣缩果病的发生与流行与气温、降水、空气湿度和日照等因素有关，7~8月阴雨天多、降水量大就发病严重，干旱则发病轻。黏土地枣园缩果病重，沙土地枣园缩果病轻；密植枣园发病较重，零星种植枣树发病则轻。枣树缺硼也会加重枣缩果病的发生。

枣树品种间对缩果病的抗性有差异，灰枣、木枣和灵枣最易感病，其次为六月鲜和八月炸，九月青、齐头白、马牙枣和鸡心枣较抗病。

〔防治方法〕

（1）农业防治 栽植抗病品种。秋冬两季彻底清除枣园中的病果，集中烧毁或深埋，以减少病菌。增施有机肥和磷钾肥，合理使用氮肥和微量元素，强树抗病。合理修剪与间作，使树冠通风透光，降低果园湿度。

（2）及时防治害虫　做好绿盲蝽、茶翅蝽、介壳虫和食心虫等害虫的防治，减少病菌从虫孔侵入为害。

（3）化学防治　化学防治同枣炭疽病，适当添加防治细菌的中生菌素、多抗霉素、铜制剂（松脂酸铜、琥珀酸铜）和乙蒜素等。花期和幼果期适当喷洒0.3%硼砂水溶液2次；果实着色期，用20%喹菌酮可湿性粉剂1000倍液+75%百菌清1000倍液混合液连续喷洒2次，对枣缩果病有良好的控制效果。

7. 枣轮纹病 >>>>

枣轮纹病又称浆果病，由真菌引起，在河南、安徽、河北、山东等省的枣产区均有发生。

〔发病症状〕

枣轮纹病主要侵害果实、枣吊、枣头及1~2年生枝条。果实受害后，先出现褐色、湿润状的小斑点（图2-20），后迅速扩大为红棕色圆形轮纹状斑，或者纵向扩展为梭形凹陷病斑（图2-21和图2-22）。该病可造成果实腐烂，失水后变为皱缩的黑色僵果。

图2-20　枣轮纹病发病初期

图2-21　枣轮纹病发病中期

图 2-22 枣轮纹病发病后期

〔发病特点〕

病原菌在病组织内越冬，其中病僵果的带菌量最高。次年春天，天气变暖后产生孢子，借风雨传播，由气孔或伤口侵入枣果及其他部位的组织。枣轮纹病病菌具有潜伏侵染现象，初侵染的幼果不立即发病，病菌潜伏在果皮组织或果实浅层组织中，待果实至白熟期才开始发病出现症状，着色期达发病高峰。湿枣晾晒期和储藏期同样可以发病。枣轮纹病的发生和流行与树势、气候、树下间作物及其他病虫害的防治情况等密切相关。弱树发病重，壮树发病轻；高温多雨时发病重，尤以 7 ~ 8 月出现连阴雨天时，病害易大流行。其他病虫害防治较好的枣园，树势强，伤口少，发病轻。

〔防治方法〕

同枣褐斑病和炭疽病的防治。

8. 冬枣黑斑病 >>>>

冬枣黑斑病是侵害冬枣果实的一种主要的真菌病害，该病害在山东、河北、新疆冬枣区发生普遍严重，一般病果率在 20% 左右，严重者可高达 80%，严重影响冬枣的产量、品质和储运性能。

〔发病症状〕

冬枣黑斑病主要侵害叶片和果实。枣叶感病初期失绿，产生浅褐色小斑点（图2-23），之后逐渐扩大成不规则褐色病斑，当斑点连接成片（图2-24）时，叶片变黄卷曲，提早落叶。枣果坐果初期病斑为浅褐色针头状麻点，随着枣果的膨大，病斑也逐渐扩大，成为圆形或椭圆形的黑色凹陷病斑（图2-25），边缘清

图2-23　冬枣黑斑病叶发病初期

晰，1个枣果上的病斑少者有1~3个，多者超过10个，80%以上病斑直径在2~5毫米，最大可达13毫米。病皮下果肉呈浅黄色，味苦。

图2-24　冬枣黑斑病叶发病中期

图2-25　冬枣黑斑病病果

〔发病特点〕

该病原菌主要以菌丝体在枣树芽鳞和皮痕内越冬，可通过自然孔口和伤口侵入果实和叶片。在山东沾化冬枣园，枣树展叶后即可被该病菌侵染发病。果实在6月下旬~7月上旬即可被病菌

侵染，7 月下旬~8 月上旬为发病高峰期，8 月中旬以后，很少有新病斑出现，大部分老病斑也不再继续扩大。

冬枣黑斑病的发生与气候、枣园种植结构和昆虫为害等因素有关。冬枣与其他品种枣树相比，抗寒性较差，气温在 - 13℃ 时，枣树易受冻害，导致树势衰弱，给黑斑病病菌的侵染提供了有利条件。导致花生叶部黑斑病和冬枣黑斑病的病原为同一种，可互相感染，因此在枣园内或附近种植花生，有利于黑斑病的发生与蔓延。刺吸式昆虫绿盲蝽为害枣果，造成伤口，更加有利于黑斑病病原菌的侵染，发病率更高。

〔防治方法〕

（1）优化周围生态环境 在冬枣园内及附近禁止种植花生、豆类和棉花等，减少黑斑病病菌和绿盲蝽来源。及时防治绿盲蝽和茶翅蝽等刺吸式害虫，减少树体伤口，这样不利于病菌侵染。

（2）化学防治 冬枣发芽前，树上喷洒 5 波美度液石硫合剂。展叶期至果实膨大期，树上均匀喷洒 50% 扑海因可湿性粉剂 800 倍液或 70% 代森锰锌可湿性粉剂 800 倍液。注意两种药剂交替喷洒使用。

9. 冬枣嫩枝焦枯病 >>>>

冬枣嫩枝焦枯病由洋葱假单胞杆菌属的细菌侵染发病，可造成枣吊和枣头嫩梢迅速枯死，出现大量焦头。发病严重的枣园，造成树势衰弱，落蕾、落花，显著减产，甚至绝产失收。

〔发病症状〕

冬枣嫩枝焦枯病主要侵害枣吊、新生枣头嫩梢，也可侵害叶片和幼果。枣吊和枣头嫩梢发病造成焦头，颜色呈深褐色至黑色（图 2-26）。枣吊和枣头发病初期呈浅褐色小点，后迅速扩展，形成长条形、椭圆形褐色凹陷病斑，叶片发病形成红褐色圆形病斑，周围有黄色晕圈或不明显，发病的花、蕾及幼果易脱落。

图2-26 冬枣嫩枝焦枯病发病症状

〔发病特点〕

在山东省滨州市，冬枣嫩枝焦枯病在 5 月上中旬开始发病，5 月下旬~6 月上旬为发病盛期。

〔防治方法〕

目前杀细菌的药剂很少，中生菌素和波尔多液对该病菌有一定的防治效果，在发病前和发病初期，可以田间喷洒使用。最好采取合理肥水，壮树抗病。

10. 枣疯病 >>>>

枣疯病又称丛枝病，俗名疯枣树或公枣树。枣疯病是枣树的一种毁灭性病害，可造成大量死树和毁园。该病由类菌原体（是介于病毒和细菌之间的多形态质粒）引起。我国各枣区均有分布，但以河北、河南、山西和山东等枣区发病最重。

〔发病症状〕

枣疯病主要侵害枣、冬枣和酸枣，整个树体系统性发病，各部位均出现病症，症状多样，其主要症状如下：

（1）花变成叶（图2-27） 花器退化，花柄延长，萼片、花瓣和雄蕊均变成小叶，雌蕊转化为小枝。

（2）芽不正常萌发（图2-28） 病株 1 年生发育枝上的

48

正芽和多年生发育枝上的隐芽均萌发成发育枝，其上的芽又大部分萌发成小枝，如此逐级生枝，成丛枝状（图2-29）。病枝纤细，节间缩短，叶片小而萎黄，秋冬两季在树上变黄、干枯（图2-30）。

图2-27　枣疯病症状
（花变叶）

图2-28　枣疯病症状
（芽不正常萌发）

图2-29　枣疯病症状
（丛枝症状）

图2-30　枣疯病症状
（秋冬两季不落叶）

（3）叶片病变　先是叶肉变黄，叶脉仍绿，以后整个叶片黄化，叶的边缘向上反卷，暗淡无光，叶片变硬变脆，有的叶尖边缘焦枯，严重时病叶脱落。花后长出的叶片都比较狭小，具明脉，翠绿色，易焦枯。有时在叶背面的主脉上再长出1片小的明脉叶片，呈鼠耳状。

（4）果实病变　病花一般不能结果。病株上的健枝仍可结果，果实大小不整齐，着色不匀，果面凸凹不平，凸起处呈红色，其余为绿色，果肉松软。

图 2-31　根蘖发生枣疯病

（5）根部病变（图 2-31）　病树主根由于不定芽的大量萌发，往往长出一丛丛的短疯根蘖苗，枝叶细小，黄绿色，有的经强日光照射枯死呈刷状。

【发病特点】

枣疯病主要通过昆虫（菱纹叶蝉类、红闪小叶蝉）、苗木嫁接和分根繁殖等方式传染。病原物侵入后，首先运转到根部，经增殖后再由根部向上运行，引起地上部发病。发病初期，多半是从 1 个或几个大枝及根蘖开始，逐渐扩展到全株。发病后，小树经过 1～2 年、大树 3～4 年即会死亡。该病具有潜伏侵染特性，潜育期长短不等，主要与树体长势、嫁接时间、嫁接部位和传毒昆虫的数量等有关系。树势强的枣树不容易发病；单一种植枣区（山东滨州、东营），由于缺少传毒昆虫的其他寄主（松树、柏树和榆树等），不利于该类昆虫繁衍和越冬，故发病很轻。枣疯病的发生与树龄有关，20 年生的幼树发病重，50～100 年生的大树发病轻。这也是因为幼树徒长枝多，有利于传病的菱纹叶蝉取食，而结果大树徒长枝少，不利于传毒昆虫取食。在枣树品种间，扁核酸和灰枣感病最重，其次是广洋枣，九月青和鸡心枣发病较轻。枣园管理粗放，树势衰弱的发病重，反之发病则轻。

〔防治方法〕

（1）彻底挖除重病树和病根蘖，修除病枝 枣疯病病株是传毒之源，加之枣树发病后不久即会遍及全株，失去结果能力，应该及早彻底刨除病株，并将大根一起刨干净，以免再生病蘖。对小疯枝应在树液向根部回流之前，阻止类菌原体随树体养分运行，从大分枝基部砍断。

（2）培育无病苗木 在无枣疯病的枣园中应采取接穗、接芽或分根繁殖，以培育无病苗木。苗圃中一旦发现病苗，应立即拔掉、烧毁。

（3）加强枣园管理 加强水肥管理，对土质条件差的要进行深翻扩穴，并增施农家肥料，以改良土壤性质，提高土壤肥力，增强树体的抗病能力。

（3）防治传毒昆虫。清除枣园周围杂树和田间杂草，减少传毒叶蝉的滋生场所。枣树生长期间，及时合理喷洒杀虫剂防治害虫，同时防治传毒昆虫。

（4）化学防治 类菌原体对抗生素药物（四环素、土霉素、金霉素和氯霉素等）非常敏感，使用这类药物可以有效地控制枣疯病的发展，轻病株施药后可使症状减轻或消失。1年施药2次。第1次于早春树液流动前，对病株主干50~80厘米高处，沿周围钻孔3排，深达木质部，塞入棉花条，并敷上浸有400~500毫升盐酸四环素250倍液的药棉，用塑料布包严，同时修除病枝。第2次于秋季在树液回流根部前（10月）以同样的方法再施药1次。或者夏季在病树树体四周钻4个孔，深达木质部，插入塑料曲颈瓶，用蜡封严钻孔，每株注入含土霉素原粉1000万单位的水溶液400毫升，约10小时后，药液即被吸收。

11. 枣树黄叶病 >>>>

枣树黄叶病又叫缺铁症，属于生理性病害，可导致枣树生长和结果不良。

【发病症状】

枣树黄叶病主要发生在枣苗期和幼树期。先在新梢上出现症状，新梢上的叶片叶肉褪绿（图2-32），逐渐变成黄色或黄白色，而叶脉仍保持绿色（图2-33）。缺铁严重时，顶端叶片焦枯，新梢停止生长，果实发育不良，个小、味差。

图2-32 枣树黄叶病初期症状（左为叶正面；右为叶背面）

【发病特点】

枣树黄叶病主要是由于缺铁所致的，常发生在盐碱地或石灰质过高的地方，当土质过碱和含有大量碳酸钙时，使可溶性铁变为不溶性状态，枣树无法吸收，或者在体内转运受

图2-33 枣树黄叶病后期症状

到阻碍。叶片缺铁无法合成叶绿素和进行正常的光合作用，故导致叶片黄化。

〔防治方法〕

（1）增施农家肥 每年根部施用土杂肥时，用3%硫酸亚铁与饼肥或粪肥混合施用，即将0.5千克硫酸亚铁溶于水中，与5千克饼肥或50千克牛粪混合后施入根部，这样可使土壤中铁元素变为可溶性铁，有利于植株吸收。

（2）叶面喷洒铁肥 在枣树生长期，定期向植株喷洒0.4%的硫酸亚铁水溶液，会有良好的治疗效果。

12. 冬枣青斑病 >>>>

从2008年开始，山东省滨州市冬枣果上出现了青斑病，发展蔓延很快，随后在国内冬枣种植区广泛发病，严重影响冬枣生产。

〔发病症状〕

冬枣青斑病的病斑多发生在果实背阴面，发病初期果实表面出现深绿色斑点，症状似刺吸式害虫绿盲蝽的为害状。当果实开始积累糖分时，病害以绿点为中心逐渐向周围扩展并变黑。后期斑点逐渐扩大成为黑斑，中间绿点变成明显的小黑点，皮下果肉变苦，不能食用。

〔发病特点〕

在山东省无棣县，7月底~8月上旬开始出现青色病点，到9月上旬的冬枣白熟期，发病迅速。后期果实糖分快速累积期间，病害会迅速蔓延，最终导致整个地片全部染病。该病主要由枣树缺钙引起。

〔防治方法〕

加强肥水管理，增施有机肥，控制氮肥的施用，保持树体营养均衡。施基肥时每公顷（1公顷＝10^4米^2）施45~75千克硝酸钙，在不影响果面光洁度的前提下，可适当喷施含钙的叶面肥。合理修剪，改善树冠的通风透光性，提高光合作用和树体对钙素的吸收利用。

13. 枣裂果 >>>>

枣裂果属于生理性病害，在全国各大枣区均有发生，多雨年份发生严重。

〔发病症状〕

该病在枣果近成熟时发生。近枣果成熟期如果天气连续降雨，在枣果面上就会出现3种裂口或裂纹，即纵裂（图2-34）、横裂和"T"字形裂。一般纵裂较多，即在果面纵向开裂一长缝，"T"字形开裂次之，横裂较少。裂果容易从裂口处开始腐烂（图2-35），随后果肉全部变酸，不能食用。果实开裂后，有利于一些病原菌的侵入，致使果实腐烂变质更快。

图2-34 枣裂果初期症状

图2-35 枣裂果后期症状

[发病特点]

枣裂果由多种因素引起,与枣品种、果实营养成分、果皮发育程度、气候条件、土壤和肥水管理等均有关系。目前,抗裂果的枣品种有襄汾木枣、赞皇大枣、官滩枣、运城相枣、串杆枣、胜利枣、柳林木枣、圆铃枣、平遥不落酥、大荔水枣、金丝小枣、金丝新 2 号和金丝新 3 号等;较抗裂品种有灵宝圆枣、大荔笨枣、骏枣和壶瓶枣;易裂品种有木瓜枣、油福水枣、彬县晋枣、新郑灰枣、梨枣和临汾圆枣。钙是细胞壁的重要结构成分,果实内钙含量较高,可以增强细胞的耐压力和延伸性,也可增强果皮抗裂能力。钾可以增加细胞壁的厚度,从而也增强了果皮的抗裂能力。

成熟期降雨是诱发裂果的主要因素。在降水量大的年份裂果率高,反之则低。特别是长时间小雨或雨后果面阴湿凝露,会引起裂果。

[防治方法]

(1)栽培抗裂品种 这是防治裂果的重要措施之一。建园时,根据当地气候条件选择适宜栽培的品种,避开枣果成熟期遇到连续降雨。

(2)避雨栽培 对于一些品质好、效益高、易裂果的枣品种,可采用避雨栽培,用塑料大棚把枣树罩起来,防止雨水淋洗枣树和果实,还能根据需要合理灌溉,可以有效防治枣裂果。

(3)合理施肥 多施有机肥,少施氮肥。7 月下旬开始,叶面适量喷施氨基酸钙肥和磷酸二氢钾,增加果实内钙和钾的含量,提高果皮厚度和韧性。

14. 枣树冻害 >>>>

枣树冻害属于生理性病害,由过低温度引起,在山东、河北、天津和河南等枣区，有些年份冻害发生很重，造成小苗、小树甚至大树枝干干枯。枣树受冻害后，还会诱发多种病虫害的发生，加重对枣树的危害。

〔发病症状〕

苗木受冻害多发生在地面以上 10～15 厘米至地面以下 2～4 厘米的根颈部位，嫁接苗多发生在接口以上 2～4 厘米处。受冻时，受冻部位的皮色发暗，无光泽，皮层为褐色或黑褐色（图 2-36），树的西南方向的树皮发生纵裂、腐烂（图 2-37），树皮易脱落，严重的整株死亡。大树受冻害后，当年新生枝条受害重，冻害严重时，老枝也受冻，受害部位皮层由褐色变为黑褐色而枯死。

图 2-36　幼龄枣树枝干
冻害前期症状

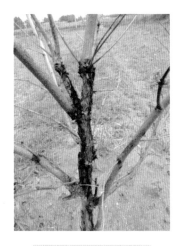

图 2-37　幼龄枣树
冻害后期症状

〔发病特点〕

造成冻害的因素主要有两种：

56

（1）气象因素　温度变化幅度大，持续低温时间长，是产生冻害的主要原因。持续低温10多天，最低温度在-10℃以下，容易导致枣树皮层细胞死亡。

（2）枣树生长状况　幼龄枣树由于树皮薄，抗冻能力差，因此冻害严重。当年新栽植未发芽的苗木，一般发新根很少，或者未发新根，苗木树干营养储存少，失水严重，抗冻能力差，冻害也重。栽植后管理粗放，肥水供给不及时，苗木生长势弱，枝条发育不充实，病虫害发生严重，以及冬前未浇封冻水等也会降低苗木的抗冻性，因而冻害也重。

〔防治方法〕

（1）严把栽植关　选择良种壮苗，要求苗高在80厘米以上，地茎粗在0.8厘米以上，根系完整，主根粗度达0.3厘米。同时要整修根系，截留过长的机械损伤根，以防土壤中病菌侵入，引起烂根。剪去枣苗上的所有二次枝，截留长度以30厘米左右为宜，以减少水分的蒸腾散发。栽前施足底肥，栽植时间选在春季树发芽前或发芽期，尽量避免秋季栽植；栽植的深度以与苗木原土印平或超过苗木原土印3厘米为好，过深或过浅均不利于枣树的发芽生长。栽后应及时浇透水并覆膜保墒，以促进枝芽快速生长。

（2）加强栽培管理　苗木栽植后，应根据需要及时进行浇水、人工除草和防治病虫，促进苗木生长。7月底~8月初，对新生枣头进行摘心，使枝条生长充实；枣树落叶后（11月上旬）应进行树干涂白。土壤封冻前（11月中旬）再浇1次水，适当包扎树干，防止野兔啃食树皮。

（3）及时补救　在枣树发芽前，及时挖除冻害苗木，补栽壮苗。嫁接苗接口处冻坏而砧木尚好，应重新嫁接。及时剪除冻死枝条，对于一些受冻较轻的树，尽量不进行冬季修剪，用1%

硫酸铜溶液涂抹冻伤口，然后用塑料布包扎，促进伤口愈合。发芽前结合浇水追施 1 次化肥，每株施尿素和磷酸二铵各 0.1 千克，及时锄草和松土，保持土壤温度，促进枣树根系及枝芽生长。

第三章
枣树虫害诊断与防治

1. 绿盲蝽 >>>>

绿盲蝽是目前枣树上猖獗为害的一种害虫,特别是对冬枣为害最重。同时,还可为害葡萄、棉花、蔬菜、苜蓿和杂草等多种植物,特别是在枣、棉间作地区发生极其严重。绿盲蝽主要以成虫和若虫刺吸为害枣树的幼芽、嫩叶、花蕾和幼果。枣树幼叶受害后,先出现红褐色或黑色的散生斑点,斑点随叶片生长变成不规则的孔洞,叶片破烂(图3-1),故称破叶疯。被害枣吊不能正常伸展而呈弯曲状(图3-2),也称烫发病。

图3-1 绿盲蝽为害叶片的症状

顶芽被害后不能发芽或抽生出的枝条成一个光杆(图3-3)。

图3-2 绿盲蝽为害枣吊的症状

图3-3 绿盲蝽为害顶芽的症状

花蕾被害后即枯萎脱落。幼果被害后，刺吸部位先出现黑褐色水渍状斑点，斑下果肉逐渐木栓化干缩，严重时果实僵化脱落。着色期果实被害，刺吸部位不着色，呈现绿色斑块。

〔形态特征〕

成虫体长 5 毫米，绿色，前翅基部为绿色革质，端部为灰色膜质，触角呈丝状（图 3-4）。初孵若虫为绿色，复眼为桃红色；3 龄时出现翅芽；5 龄虫全体为鲜绿色，触角为浅黄色。卵长 1 毫米，呈黄绿色，长椭圆形，稍弯曲，卵盖为奶黄色。

图 3-4　绿盲蝽成虫

〔发生特点〕

1 年发生 4～5 代，该虫以卵在枣股芽鳞内、枝条残桩处越冬，也可在附近的棉花、苜蓿、蚕豆和豌豆等残株上越冬。枣树萌芽时越冬卵孵化成若虫刺吸新芽，随着虫体长大和枣树枝叶生长逐渐为害嫩叶和花蕾。在山东省沾化冬枣产区，绿盲蝽第 1 代发生盛期在 5 月上旬，第 2 代发生盛期在 6 月中旬，第 3、4、5 代发生盛期分别为 7 月中旬、8 月中旬、9 月中旬。第 2 代以后田间世代重叠严重，各虫态共存。枣果进入果实膨大期后，大量成虫转移到附近其他植物上取食，9 月下旬后陆续迁回枣树继续为害，并产卵越冬。

绿盲蝽成虫喜阴湿，适宜发育的气温为 20～30℃、相对湿度为 80%～90%。该虫惧怕干燥和强光，因此喜在清晨或夜晚在树上为害，晴天高温的 10：00～16：00 则转移到树下杂草或土缝内栖息，阴天时基本整个白天在树上取食。若虫移动性强，受惊后爬行迅速。枣树生长期，成虫产卵于嫩叶、叶柄、主脉、嫩茎和果实等组织内，每处产卵 2～3 粒。

[防治方法]

（1）农业防治　结合田间管理，清除园内及周边杂草和灌木，切断其食物链，防止绿盲蝽转主取食。枣园不可间作棉花和豆类作物，也不可种植苜蓿，否则会加重绿盲蝽的发生。结合冬季修剪，剪除枣树枝条残茬（图 3-5），集中烧毁，以消灭其中的越冬卵。

图 3-5　剪除枣树枝条残茬

（2）诱杀成虫　在绿盲蝽成虫发生期，田间悬挂绿盲蝽性诱剂诱捕器诱杀雄性成虫（图 3-6），同时，还可诱杀部分其他害虫（图 3-7）。

图 3-6　绿盲蝽性诱剂诱捕器

图 3-7　诱杀的绿盲蝽（绿色）和其他害虫

（3）化学防治　枣树萌芽至开花结果期，是树上喷药防治绿盲蝽的关键时期，对于发生严重的枣园，此期要每隔 7 天喷 1 遍杀虫剂。可选用吡虫啉、溴氰菊酯、啶虫脒、螺虫乙酯和氟啶虫胺腈等，并做到以上药剂交替使用，避免产生抗药性。喷药时注意同时喷洒树下的杂草与间作植物，以消灭其中潜藏的绿盲蝽。

2. 枣瘿蚊 >>>>

枣瘿蚊俗称卷叶蛆、枣叶蛆、枣蛆，属于双翅目瘿蚊科。该虫分布于全国各枣树种植区。枣瘿蚊以幼虫为害红枣、冬枣、酸枣的叶片、花蕾和幼果。叶片受害后变为筒状，紫红色，质硬而脆（图3-8），不久就变黑枯萎；花蕾被害后，花萼膨大，不能开放；幼果受蛀后不久变黄脱落。

图3-8　枣瘿蚊为害状

【形态特征】

雌成虫体长1.4~2毫米，前翅透明，后翅退化为平衡棒，形似小蚊子。卵呈长椭圆形，一端稍狭，有光泽，长约0.3毫米。幼虫体长1.5~2.9毫米，

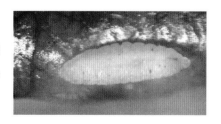

图3-9　枣瘿蚊幼虫（放大拍摄）

乳白色，有明显体节，无足，蛆状（图3-9）。蛹长1~1.9毫米，

纺锤形，初为乳白色，后为黄褐色。茧长约2毫米，椭圆形，灰白色，胶质，外附土粒，系幼虫分泌黏液缀土而成。

〔发生特点〕

在河北、甘肃省每年发生5~6代，山东北部每年发生约7代。该虫以老熟幼虫在树下浅层土壤内结茧越冬。次年春季枣树发芽时越冬蛹羽化为成虫飞出土壤，上树交尾和产卵，雌成虫以产卵器刺入未展开的嫩叶空隙中产卵，每片嫩叶连续产卵2~3次。幼虫孵化后即吸食汁液，叶片受刺激后两边纵卷，幼虫藏于其中为害，每片叶中可有2~3只甚至10多只幼虫。幼虫老熟后从受害卷叶内脱出落地，入土化蛹。除第1代外，该虫的各虫态的发生很不整齐，形成世代重叠。老熟的末代幼虫于9月下旬开始入土做茧越冬。

〔防治方法〕

在枣树萌芽而尚未展叶时，树上均匀喷洒240克/升螺虫乙酯悬浮剂6000倍液或25%噻虫嗪水分散粒剂7000倍液，具有较好的持效性，并能兼治绿盲蝽和介壳虫。

3. 枣瘿螨（锈壁虱）>>>>

枣瘿螨又称枣树锈瘿螨、枣叶壁虱、枣锈壁虱，属于蛛形纲蜱螨目瘿螨科，在我国枣产区广泛分布。枣瘿螨以成螨和若螨为害枣和酸枣的叶、花蕾、花和幼果，影响产量和品质，严重时可造成整枝、整株绝产。枣树叶片受害，其基部及沿叶脉部位首先呈现轻度的灰白色，后整个叶片极度灰白，叶衰老且质感厚而脆，并沿中脉微向叶面合拢，严重时，叶缘枯焦，提早落叶。花蕾及花受害后，逐渐变为褐色并干枯脱落。果实受害后，一般多在梗洼及果肩部位呈现银灰色锈斑（图3-10），严重时锈斑逐渐扩大（图3-11），后期则果实萎蔫脱落。

图 3-10　枣瘿螨为害幼果的症状

图 3-11　枣瘿螨为害果实的后期症状

〔形态特征〕

枣瘿螨体微小，需借助体视放大镜才能看见。成螨体长约 0.15 毫米，宽约 0.06 毫米，胡萝卜形，初为白色，后为浅褐色，半透明。

〔发生特点〕

在河南 1 年发生 3 代以上。该虫多以成螨在枣股老芽鳞内越冬，1 年有 3 次为害高峰，分别是 4 月末、6 月下旬和 7 月中旬，每次 10～15 天。8 月上旬开始转入芽鳞缝隙内越冬。在山东北部枣区，4 月中旬枣树萌芽期，越冬的成螨开始活动，为害嫩芽及展叶后的叶片，6 月上旬（枣花期）进入为害盛期，6 月中旬虫口密度最大。

〔防治方法〕

枣树发芽前喷洒 5 波美度石硫合剂。5～6 月为害盛期前，树上均匀喷洒 15% 哒螨灵乳油 2000 倍液或 24% 螺螨酯悬浮剂 4000 倍液。

4. 枣红蜘蛛 >>>>

为害枣树的红蜘蛛主要有2种，即朱砂叶螨和截形叶螨，均属于蛛形纲蜱螨目叶螨科。枣红蜘蛛分布广、寄主植物多，可为害大田作物、枣、柑橘、蔬菜、花卉和杂草等。该虫以成螨和幼螨、若螨集中在枣树叶片刺吸汁液，受害叶片常呈现失绿的小斑点，随后逐渐扩大成片（图3-12），以致整叶焦黄而提早脱落。

〔形态特征〕

朱砂叶螨雌成螨体呈椭圆形，长0.42～0.56毫米，宽0.32毫米，锈红色或深红色（图3-13）。卵呈圆球形，直径为0.13毫米，初产时无色透明或略带乳白色，孵化前为浅红色。初孵幼螨体近圆形，浅红色，稍透明，具有3对足。若螨具有4对足，体呈椭圆形，体色变深，体侧出现深色斑。

图3-12 枣红蜘蛛为害症状

孙广清 摄

图3-13 朱砂叶螨夏季成虫

〔发生特点〕

在枣树上1年发生10多代，该虫以雌成螨（图3-14）在树下的杂草上、土缝内、枯枝落叶下及树皮裂缝内越冬。次年枣树发芽时，越冬螨便开始出来活动，上树取食为害枣叶片，6～8月是危害高峰期，一般在9月下旬～10月开始越冬。

〔防治方法〕

（1）农业防治　枣树休眠期，刮除枝干上的老翘皮，清洁枣园内的杂草和落叶，减少越冬雌成螨的数量。

（2）化学防治　枣树开花前，树上喷洒1～2次杀螨剂即可控制朱砂叶螨的全年为害。常用药剂有15%哒螨灵乳油3000～4000倍液或24%螺螨酯悬浮剂4000倍液。

图3-14　朱砂叶螨越冬成虫

提示　截形叶螨的发生特点与朱砂叶螨类似，防治方法可参照朱砂叶螨的防治方法，不再赘述。

5. 茶翅蝽 ＞＞＞＞

茶翅蝽又称臭木椿象、臭椿象，俗称臭大姐，我国绝大多数省份和地区均有分布，可为害枣、梨、桃、苹果和樱桃等多种果树。该虫以成虫、若虫刺吸果实、幼叶和嫩梢汁液，果实受害部位生长缓慢，果肉组织木栓化、变硬，果面凹凸不平，形成畸形果。果实成熟前被害时，果面出现绿色斑块。

〔形态特征〕

成虫身体呈扁椭圆形，体长约15毫米，宽约8毫米（图3-15）。成虫体色为茶褐色，前胸背板、小盾片和前翅革质部有黑褐色刻点，前胸背板前缘横列4个黄褐色小点，小盾片基部横列5个小黄点，腹部两侧各节间均有1个黑斑，触角和足上有黄白色环斑。卵呈短圆筒形，高约1毫米，有假卵盖，卵壳表面光滑，初产时为灰白色，孵化前变为黑褐色，20～30粒排成一块（图3-16）。初孵若虫近圆形，头胸部为深褐色，腹部为黄白色，长大后变成黑褐色，腹部为浅橙黄色（图3-17），各腹节两侧节间有方形黑斑，共8对；老龄若虫的体形与成虫相似，但个头小、无翅，腹部背面有6个黄色斑点（图3-18）。

图3-15 茶翅蝽成虫

图3-16 茶翅蝽的卵

〔发生特点〕

1年发生1～2代，该虫以成虫在果园附近的建筑物内的缝隙、山洞、石头缝和树洞内越冬。春季4月上旬开始出蛰活动，刺吸附近早发芽的果树或农作物，枣树发芽后转移到枣园为害，

6 月产卵于叶背。6 月中下旬为卵孵化盛期，刚孵化的若虫喜群集在卵块附近取食，而后逐渐分散为害，8 月中旬发育为成虫。9 月下旬随气温下降，成虫陆续进入越冬场所。成虫和若虫受到惊扰或触动时立即分泌臭液，并迅速逃跑。越冬代成虫平均寿命为 301 天，能长期对果实进行为害。

图 3-17　茶翅蝽初孵化若虫

图 3-18　茶翅蝽老龄若虫

［防治方法］

（1）人工防治　秋冬两季，在果园附近的建筑物内常聚集大量成虫，一般不活跃，可进行人工捕杀。成虫产卵期，田间发现卵块时，应立即摘除灭杀。

（2）生物防治　蝽类的自然天敌有茶翅蝽沟卵蜂、角槽黑卵蜂、蝽卵金小蜂、平腹小蜂、蝽卵跳小蜂、蠋蝽和三突花蛛等。其中，平腹小蜂可以人工繁殖，购买后在茶翅蝽卵期进行释放，可有效寄生其卵中。

（3）化学防治　在成虫越冬期，将果园附近的空屋密封，用敌敌畏烟雾剂进行熏杀，或用 4.5% 高效氯氰菊酯 1000 倍液喷洒墙壁和房顶。幼虫、若虫发生期，树上喷洒4.5%高效氯氰菊酯乳油1500～2000倍液，或2.5%溴氰菊酯乳油2500～3000倍液。

6. 麻皮蝽（黄斑蝽）>>>>

麻皮蝽又称黄斑蝽，俗称臭大姐、臭屁虫，可为害枣、苹果、桃、梨和柿等多种果树及林木。该虫以成虫和若虫刺吸果实、枝条和叶片，果实被害处果肉坏死、木栓化，致使果面凹凸不平，成为畸形果（图3-19）。茎叶被害处产生黄褐色坏死斑。

图3-19　麻皮蝽为害的枣果

[形态特征]

成虫体呈扁椭圆形，个体比茶翅蝽大，体长18～25毫米，宽10～11.5毫米（图3-20）；体色为棕黑色，全身密布黄色细碎斑纹，头部前端至小盾片基部有1条明显的黄白色纵线；触角呈丝状，黑色，第5节基部为黄白色。卵呈黄白色，近鼓状，高约2毫米，卵壳表面有网纹，有假卵盖，常12～13粒

图3-20　麻皮蝽成虫

排列成块。初孵若虫的胸腹部有许多红色、黄色、黑色相间的横纹。2龄若虫（图3-21）腹背有6个红黄色斑点。老龄若虫体为黑褐色，头至小盾片有一黄白色纵纹，胸背部有4个浅红色斑点（图3-22），腹部背面中央具纵列暗色大斑3个。

图 3-21　麻皮蝽2龄若虫

图 3-22　麻皮蝽老龄若虫

〔发生特点〕

在北方枣区1年发生1代，南方枣区1年发生2代。越冬习性和发生特点基本同茶翅蝽。

〔防治方法〕

参照茶翅蝽的防治方法。

7. 桃小食心虫 >>>>

桃小食心虫简称"桃小"，又称桃蛀果蛾，俗称钻心虫，属于鳞翅目蛀果蛾科。该虫广泛分布于东北、西北、华北、华中、华东等地，除为害枣果外（图3-23），还可为害苹果、海棠、山楂、杏和木瓜等果树的果实。幼虫在枣果内蛀食果肉并排泄虫粪

（图 3-24），致使被害果内充满虫粪，果实提前变红、脱落，严重影响枣果的产量。

图 3-23 被桃小食心虫为害的果实 　　**图 3-24** 落枣内的桃小食心虫幼虫

〔形态特征〕

成虫体长 5 ~ 8 毫米，全体为灰褐色，前翅前缘近中部有 1 个蓝黑色近似三角形的大斑，后翅为灰白色（图 3-25）。卵呈椭圆形，初产时为浅红色，后渐变为深红色，卵壳上有许多近似椭圆形的刻纹，顶部环生 2 ~ 3 圈 "Y" 字形毛刺。老熟幼虫体长 13 ~ 16 毫米，头为褐色，身体背面为桃红色（图 3-26）。蛹长 6 ~ 8 毫米，浅黄色至黄褐色（图 3-27），外面包裹土灰色丝茧，呈纺锤形，被称为夏茧。越冬茧呈扁圆形，内包老熟幼虫。

图 3-25 桃小食心虫的
夏茧和成虫

图 3-26　枣果内的桃小食心虫幼虫

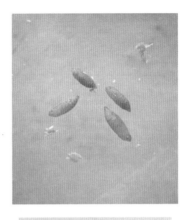

图 3-27　桃小食心虫的蛹

〔发生特点〕

从北向南，1 年发生 1~3 代，该虫以老熟幼虫在树下土中结扁圆形冬茧越冬，越冬深度多为 3~8 厘米。在山东省，5 月中旬幼虫开始破茧出土化蛹，6 月上中旬为出土化蛹盛期。土壤湿度影响幼虫破茧出土，所以幼虫出土时间和出土数量与 5~6 月的降雨情况密切相关，降雨早、雨量充沛则出土早而整齐，反之则出土晚而不整齐。蛹期为 9~15 天，自 5 月下旬开始出现越冬代成虫，6 月下旬~7 月上旬为越冬代成虫发生盛期。成虫白天潜伏于枝干、树叶及草丛等背阴处，日落后开始活动和交尾产卵。卵多产在枣叶背面叶脉基部，少数产在枣果梗洼处。幼虫孵出后多从枣果近顶部和中部蛀入果实，逐渐向果核取食，枣核四周充满虫粪。幼虫发育老熟后，从果实内脱出坠入土内结茧。3 代虫发生地区，第 1 代幼虫盛发期在 7 月下旬~8 月上中旬，第 2 代幼虫盛发期在 8 月中下旬~9 月上旬，第三代幼虫盛发期在 10 月上中旬。不同的枣树品种，其受害程度不同，大果型品种受害重于小果型。

[防治方法]

（1）人工防治　田间及时捡拾落果，集中浸泡在水桶内，或者密封在黑色厚塑料袋内暴晒处理，防止幼虫从果内爬入土壤中。越冬代成虫发生前，树下覆盖地膜，阻碍成虫上树产卵。

（2）生物防治　5~9月，当桃小食心虫幼虫栖居在土壤时，用昆虫病原线虫或白僵菌悬浮液喷洒或泼浇树冠下的土壤（图3-28），使其寄生在桃小食心虫的幼虫和蛹，防治效果同化学农药。土壤湿润时施用昆虫病原线虫或白僵菌有利于提高防治效果。

图3-28　地面泼浇昆虫病原线虫防治桃小食心虫

（3）化学防治　掌握在卵期和孵化期喷药，一旦幼虫钻入果实内药剂就无法发挥杀虫效果。喷药前必须做好虫情测报，自5月中旬开始在枣园中悬挂桃小食心虫性诱芯（图3-29），当田间连续3天诱到越冬代成虫时，即进行树上喷药防治，1周后再喷洒1次药。第2代防治则根据诱蛾高峰期，一般在高峰期第2天喷药防治。选用的药剂为2.5%溴氰菊酯乳油2000~3000倍液，或2.5%高效氯氟氢菊酯乳油1500~3000倍液，或30%氯虫苯甲酰胺水分散粒剂8000~10000倍液。

图 3-29　桃小食心虫性诱测报与防治

8. 桔小实蝇 >>>>

桔小实蝇又称柑橘小实蝇、东方果实蝇等，属于双翅目实蝇科，是一种国内外检疫害虫。目前在部分国家和地区分布，我国主要在长江以南的南方水果上发生，但在长江以北的河南、北京、山东局部的枣树造成危害，需要提高警惕。桔小实蝇寄主范围广，可为害柑橘、番石榴、枣、石榴、木瓜、桃和梨等 200 余种果树。该虫以幼虫（蝇蛆）在枣果内取食为害，常使果实腐烂或脱落，严重影响枣的产量和质量。

〔形态特征〕

成虫呈苍蝇状（图 3-30），体长 7～8 毫米，全体为深黑色和黄色相间，胸部背面大部分为黑色，但黄色的"U"字形斑纹十分明显，腹部为黄色，第 1、2 节背面各有 1 条黑色横带，从第 3 节开始中央有 1 条黑色的纵带直抵腹端，构成一个明显的"T"字形斑纹。雌虫的产卵管发达，由 3 节组成。卵呈梭形，长约 1 毫米，乳白色。幼虫呈蛆形（图 3-31），老熟时体长约 10 毫米，黄白色。蛹体长约 5 毫米，黄褐色。

图 3-30 桔小实蝇成虫

图 3-31 桔小实蝇幼虫

〔发生特点〕

在华南地区的柑橘上每年发生 3~5 代，无明显的越冬现象，田间世代发生重叠。但在北方枣上的发生规律不详，早春找不到越冬虫源，目前推测随南方果品调运引入。田间诱虫发现 6 月出现成虫，8~9 月达盛期。成虫将卵产于将近成熟的枣果内（图 3-32），每处产 5~10 粒。幼虫孵出后即在枣果内取食为害，9 月为田间幼虫为害盛期，被害果常腐烂早落（图 3-33），

图 3-32 桔小实蝇蛀果孔

图 3-33 桔小实蝇为害引起的落果

即使挂在枝头不落，其果肉已被食尽，只留枣皮（图3-34）。幼虫老熟后脱果（图3-35和图3-36）并入土化蛹，深度达3~7厘米，或者在落果内化蛹。

图3-34　被桔小实蝇为害的果实

图3-35　桔小实蝇幼虫脱果孔

图3-36　正在脱果的桔小实蝇幼虫

〔防治方法〕

（1）加强检疫　从虫害区调运水果时严格检查，减少或杜绝虫源传播。一旦发现疫情，可用溴甲烷熏蒸处理调运的水果。

（2）田间测报　从5月开始，田间悬挂甲基丁香酚测报和诱杀桔小实蝇成虫（图3-37）。发现成虫，立即树上喷药防治。可选用阿维菌素、多杀霉素、溴氰菊酯等加红糖喷洒树冠浓密处，7~

10 天喷 1 次。特别是采收前 1 个月左右要重点喷施。幼虫脱果期，用 50% 辛硫磷乳油 800 倍液喷施地面，可杀死入土幼虫和出土成虫。

图 3-37 桔小实蝇诱捕器

（3）人工防治　及时拣拾田间落果，摘除树上的病虫果，集中起来焚烧（1 小时以上）或采用开水烫（10 分钟）以杀死果内幼虫和蛹。

9. 枣黏虫 >>>>

枣黏虫又称枣镰翅小卷蛾、卷叶蛾、包叶虫和黏叶虫等，属于鳞翅目小卷叶蛾科，分布于山东、山西、河南、河北和陕西等枣区。枣黏虫以幼虫为害枣芽、枣花、枣叶和枣果，常将枣叶粘连在一起（图 3-38），幼虫潜藏其内取食叶肉，形成网膜状残叶（图 3-39），严重影响枣树生长和开花结果。该虫为害枣果时，除啃伤果皮外，幼虫还蛀入果内，粪便排出果外，被害果不久即发红脱落，有些与叶粘在一起的虫果不脱落。枣黏虫是枣树的主要害虫之一。

图 3-38 枣黏虫为害症状（前期）

图 3-39 枣黏虫为害症状（后期）

〔形态特征〕

成虫（图 3-40）体长 6~7 毫米，身体呈褐色，复眼为暗绿色。前翅为灰褐色，长方形，顶角凸出、尖锐且略向下弯曲，前缘有黑褐色斜纹 10 多条，翅中部有黑色纵纹 2 条；后翅为深灰色，缘毛较长。卵呈扁椭圆形（图 3-41），长约 0.6 毫米，初产时透明、有闪光，两天后变为红黄色，孵化前变为橘红色。初孵幼虫的头部为黑褐色，胸部、腹部为黄白色，逐渐变为黄绿色

图 3-40 枣黏虫成虫

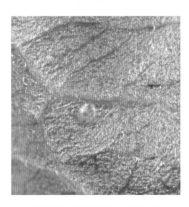

图 3-41 枣黏虫的卵

（图 3-42）；老熟幼虫体长约 12 毫米，头为红褐色，胸部、腹部为黄色、黄绿色或绿色（图 3-43）。蛹长 6 ~ 7 毫米，初为绿色，后逐渐变为红褐色（图 3-44）。

图 3-42　枣黏虫低龄幼虫

图 3-43　枣黏虫老熟幼虫

图 3-44　枣黏虫的蛹

〔发生特点〕

1 年发生 3 ~ 5 代，其中山东、山西、河南、河北和陕西枣区 1 年发生 3 代，江苏枣区 1 年发生 4 代，浙江枣区 1 年发生 5

代，均以蛹在枣树主干粗皮裂缝内和老翘皮下越冬（图3-45）。春季枣树萌芽期，越冬代成虫羽化。成虫昼伏夜出，趋光性强。成虫产卵于嫩芽和光滑的枝条上，其他世代的成虫产卵于枣叶正面中脉两侧，单粒散产。第1代幼虫孵化后钻入芽内，咬食嫩芽和嫩叶，使枣树不能正常发芽，幼虫长大后为害枣花和枣叶，老熟幼虫在叶苞内结白色薄茧化蛹。6月上旬开始发生第2代幼虫，除了为害枣叶外，还啃食果皮。5代发生区，第1代幼虫发生在展叶期，为害芽叶；第2代幼虫发生在开花期，为害枣花；

图3-45　枣黏虫的越冬蛹

第3代幼虫发生在枣果生长期；第4代幼虫发生在枣的采收期；第5代幼虫发生在落叶前期。

〔防治方法〕

（1）人工防治　在9月上中旬的末代幼虫化蛹前，于主干分权处绑扎草绳，引诱幼虫钻入化蛹。在冬季和早春，解除草绳，刮除树干的粗皮、老翘皮，集中起来烧毁，消灭越冬蛹。此方法兼治枣绮夜蛾和红蜘蛛等。

（2）物理防治　在成虫发生期用杀虫灯诱杀成虫。

（3）生物防治　在枣黏虫产卵始盛期，田间释放松毛虫赤眼蜂以寄生于枣黏虫的卵。

（4）化学防治　利用黑光灯做好虫情测报，掌握各代成虫盛发期进行喷药防治，选用具有杀卵或初孵幼虫的杀虫剂。药剂基本同桃小食心虫的防治用药，严禁花期喷洒拟除虫菊酯类杀虫剂，以免伤害蜜蜂、壁蜂等传粉昆虫，可选用灭幼脲、甲维盐、氯虫苯甲酰胺。

10. 枣尺蠖 >>>>

枣尺蠖又称枣步曲，属于鳞翅目尺蛾科，在我国枣产区普遍发生，以幼虫为害枣树芽、叶和花蕾，发生严重时，可将叶芽和花蕾全部吃光，造成当年绝产和次年减产。

〔形态特征〕

雌成虫无翅，体长 12～17 毫米，灰褐色，腹部背面密被刺毛和毛鳞，触角呈丝状。雄成虫有翅，体长 10～15 毫米，前翅为灰褐色，内横线和外横线为黑色，后翅为灰色，中部有 1 条黑色波状横纹，内侧有 1 个黑点。卵呈椭圆形，初产时为浅绿色，逐渐变为浅黄褐色，接近孵化时为暗黑色，常数十粒或数百粒聚集成一块。幼虫期共 5 龄，其中 1 龄幼虫为黑色，有 5 条白色横环纹；2 龄幼虫为绿色，有 7 条白色纵条纹；3 龄幼虫为灰绿色，有 13 条白色纵条纹；4 龄幼虫有 13 条黄色与灰白色相间的纵条纹（图 3-46）；5 龄幼虫（老龄幼虫）为灰褐色或青灰色，有 25 条灰白色纵条纹。蛹为枣红色，体长 15 毫米左右（图 3-47）。

图 3-46 枣尺蠖幼虫

图 3-47 枣尺蠖的蛹

〔发生特点〕

1年发生1代，该虫以蛹在树下3~20厘米深的土层中越冬，近树干基部越冬蛹较多。次年枣树萌芽前成虫羽化，羽化盛期为3月下旬~4月中旬。雌成虫羽化后于傍晚大量出土爬行上树；雄蛾趋光性强，羽化出土后爬到树干、主枝阴面静伏，晚间飞翔寻找雌蛾交尾。雌蛾交尾后3天内大量产卵，卵成堆产在枝杈粗皮裂缝内。枣芽萌发时幼虫开始孵化，孵化盛期为4月下旬~5月上旬。4~6月为幼虫为害期，幼虫喜分散活动，爬行迅速并能吐丝，具假死性，遇惊扰即吐丝下垂。幼虫的食量随虫龄增长而急剧增大，老熟后即坠落树下入土化蛹越夏、越冬。

〔防治方法〕

（1）人工防治 成虫羽化前，在树干基部绑15~20厘米宽的塑料薄膜带，环绕树干，下缘用土压实，接口处钉牢，上缘涂上粘虫胶或油性粘虫药剂，既可阻止雌蛾上树，又可防止树下幼虫孵化后爬行上树。粘虫药剂由黄油10份、机油5份、药剂1份（溴氰菊酯或氰戊菊酯）充分混合即成。同时，在环绕树干的塑料薄膜带下方绑一圈草绳，引诱雌蛾产卵其中。自成虫羽化之日起每半个月换1次草绳，换下后烧掉，如此更换草绳3~4次即可。幼虫期，利用1~2龄幼虫的假死性，可摇树振落幼虫并及时进行人工灭杀。

（2）生物防治 在老熟幼虫入土化蛹初期，用昆虫病原线虫悬浮液泼浇树下土壤，可有效寄生老熟幼虫和蛹，兼治桃小食心虫、枣芽象甲等害虫。

（3）化学防治 在低龄幼虫期，用0.5%甲氨基阿维菌素苯甲酸盐微乳剂（甲维盐）1000倍液，或2.5%溴氰菊酯乳油2000~3000倍液，或4.5%高效氯氰菊酯乳油1500倍液喷洒。

11. 枣绮夜蛾 >>>>

枣绮夜蛾又称枣实虫、枣花心虫等，属于鳞翅目夜蛾科，主要分布于河北、河南、甘肃、山东、安徽和湖北等枣区，以幼虫为害枣花和枣果。在枣树花期幼虫取食花蕊和蜜盘，并吐丝缠裹花序，导致花絮枯萎，严重影响结果。在枣果生长期，幼虫吐丝缠绕果柄并蛀食枣果，被害果一般不脱落，逐渐枯干挂在枣吊上（图3-48）。

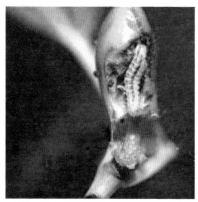

图3-48 枣绮夜蛾为害状和幼虫（引自网络）

〔形态特征〕

成虫体长5毫米左右，身体为浅褐色，前翅为暗褐色，有3条白色的弯曲横纹，近顶角处有1个明显黑斑。老熟幼虫体长13毫米左右，浅黄色或黄绿色，体背各节有1对紫红色菱形斑纹。

〔发生特点〕

1年发生1~2代，该虫以蛹在枣树粗皮裂缝、老翘皮下越冬。次年5月上中旬越冬代成虫开始羽化，5月下旬达羽化盛期。成虫产卵于花梗杈间或叶柄基部，单粒散产。幼虫孵化后即食害枣花，稍大后吐丝将1簇花缠缀在一起，并在其中为害，直至花簇变黄枯萎。幼虫行动迟缓，受惊后会吐丝下垂。第1代幼虫主要为害枣花，第2代为害果实，有转果为害习性，一般1只幼虫可为害4~6个枣果。7月下旬~8月中旬幼虫老熟，陆续进入越冬场所化蛹。

〔防治方法〕

（1）人工防治　7月下旬，在枝干上绑草绳以引诱幼虫化蛹。冬季和早春，解除草绳，刮除枝干上的老翘皮，消灭越冬蛹。该方法可兼治枣黏虫和红蜘蛛。

（2）化学防治　在5月底~6月初，树上喷洒25%灭幼脲悬浮剂2000~3000倍液。幼虫发生期，树上及时喷洒20%氰戊菊酯乳油2000倍液或20%灭扫利乳油2000倍液。该虫不抗药，一般喷1次药即可控制。

12. 棉铃虫 >>>>

棉铃虫，属于鳞翅目夜蛾科，广泛分布于全国各地。该虫食性很杂，可为害多种果树、蔬菜、粮棉油农作物、花草等植物。幼虫取食枣树的嫩梢和叶片，造成叶片的缺刻和孔洞；枣果被害后形成大的孔洞（图3-49），引起枣果发病和脱落。

〔形态特征〕

成虫体长14~18毫米，头、胸及腹部为浅灰褐色，前翅为灰褐色，上有肾形纹及环状纹，并且为褐色。卵呈长球形，有光泽，初产时为乳白色或浅绿色，孵化前为深紫色。老熟幼虫体长30~42毫米，体色因取食植物及生存环境的不同而变化很大，以绿色和红褐色较为常见，腹部各节背面有许多小毛瘤，上生小刺毛（图3-50）。蛹长17~21毫米，黄褐色，体末有1对黑褐色刺，尖端微弯。

图 3-49　棉铃虫为害枣果的症状

耿向群　摄

图 3-50　棉铃虫幼虫

〔发生特点〕

从北向南发生代数增加，内蒙古、新疆枣区 1 年 3 代，华北枣区 1 年发生 4 代，长江流域及其以南枣区 1 年发生 5～7 代。棉铃虫以蛹在土壤内越冬。华北枣区次年 4 月中下旬越冬代成虫开始羽化，5 月上中旬为羽化盛期。第 1 代主要为害早春作物，第 2、3 代为害棉花，第 3、4 代为害番茄等蔬菜。为害枣树的是第 2、3、4 代幼虫。成虫昼伏夜出，趋光性强，卵散产于嫩叶或果实上。低龄幼虫取食枣树嫩叶，3 龄后蛀果，蛀孔较大，外面常留有虫粪。幼虫期为 15～22 天，老熟后下树入土化蛹。

〔防治方法〕

（1）诱杀防治　利用黑光灯、棉铃虫性诱剂诱杀成虫。

（2）生物防治　在低龄幼虫期，用 Bt 乳油、HD-1 苏云金杆菌制剂或棉铃虫核型多角体病毒稀释液喷雾。

（3）化学防治　在卵孵化盛期至 2 龄幼虫蛀果前，树上均匀喷洒杀虫剂进行防治。有效药剂为 0.5% 甲氨基阿维菌素苯甲酸盐微乳剂（甲维盐）1000 倍液、2.5% 高效氯氟氢菊酯乳油 1500～

2000 倍液、30% 氯虫苯甲酰胺水分散粒剂 6000 ~ 8000 倍液。

 提示　棉铃虫易产生抗药性，注意以上药剂交替使用。

13. 黄刺蛾 >>>>

黄刺蛾幼虫俗称洋刺子、八角，属于鳞翅目刺蛾科，在我国绝大部分省市均有分布，可为害枣、核桃、樱桃、杏、柿、苹果、杨和枫杨等多种林木，可将叶片吃成很多孔洞、缺刻，或者吃光叶肉仅留叶柄、主脉，严重影响枣树生长和枣果产量。

〔形态特征〕

成虫（图 3-51）体长 13 ~ 16 毫米，头胸部为黄色，腹部背面为黄褐色；前翅内半部为黄色，外半部为褐色，有 2 条暗褐色斜线在翅尖上汇合呈倒"V"字形。卵呈扁椭圆形，长约 1.4 毫米，绿色。老熟幼虫体（图 3-52）长 19 ~ 25 毫米，黄绿色，身

图 3-51　黄刺蛾成虫

图 3-52　黄刺蛾老熟幼虫

体背面有1个大型的前后宽、中间细的紫褐色斑，呈哑铃状。幼虫头部很小，胸、腹部肥大，体表生有许多凸起的枝刺，以腹部第1节最大（图3-53）。这些枝刺有毒，接触人体皮肤后可引起疼痛。蛹呈椭圆形，黄褐色，外包灰白色硬茧，茧壳表面光滑，上有几道长短不一的褐色纵纹，形似小鸟蛋，固着在树木枝干上（图3-54）。

图 3-53　黄刺蛾低龄幼虫

图 3-54　黄刺蛾的越冬茧

〔发生特点〕

在辽宁、陕西和河北省北部枣区1年发生1代，在北京、山东、江苏、安徽、河南及河北省中南部等枣区1年发生2代。该虫以老熟幼虫在树体枝干上的硬茧内越冬。1年1代区，成虫于次年6月中旬出现，产卵于叶背，常数十粒连成一片。卵期为7～10天。幼虫于7月中旬～8月下旬发生为害。1年2代区，越冬代成虫于次年5月下旬～6月上旬开始出现。第1代幼虫于6月中旬孵化为害，7月上旬为为害盛期；第2代幼虫于7月底开始为害，8月上中旬为为害盛期，8月下旬老熟幼虫在树上结茧越冬。

〔防治方法〕

（1）保护并利用天敌　上海青蜂在黄刺蛾茧内的寄生率很

高，控制效果显著。被寄生的黄刺蛾茧的上端有一寄生蜂产卵时留下的小孔（图3-55），容易识别。在冬季或早春，剪下树上的越冬茧，挑出被寄生茧，保存在树荫处的铁纱笼中，让天敌羽化后能飞回自然界。

（2）化学防治　黄刺蛾发生严重的年份，其幼虫发生期可喷药防治，防治药剂同枣尺蠖的防治药剂。

14. 扁刺蛾 >>>>

扁刺蛾又称黑点刺蛾，其幼虫俗称洋刺子，属于鳞翅目刺蛾科，可为害枣、苹果、梨、桃和李等多种果树和林木。该虫以幼虫取食枣树叶片形成缺刻，发生严重时，可将很多叶片吃光。

图3-55　被寄生蜂寄生的黄刺蛾茧

〔形态特征〕

成虫（图3-56）中雌蛾体长13～18毫米，体为暗灰褐色，前翅为灰褐色稍带紫色，中室的前方有1条明显的暗褐色斜纹，自前缘近顶角处向后缘斜伸；雄蛾中室上角有1个黑点（雌蛾不明显）。卵呈扁椭圆形，长1.1毫米，表面光滑，初产卵为浅黄绿色，孵化前呈灰褐色。老熟幼虫（图3-57）体长21～26毫米，宽16毫米，体呈扁椭圆形，背部稍隆起，全身为绿色或黄绿色，背线为白色，身体两侧各有10个瘤状突起，其上生有刺毛，每个体节的背面有2根小丛刺毛，第4节背面两侧各有1个红点。蛹体外包暗褐色茧，椭圆形，长12～16毫米，形似麻雀蛋。

图 3-56 扁刺蛾成虫

图 3-57 扁刺蛾老熟幼虫

〖发生特点〗

在河北、陕西等枣区1年发生1代，长江下游枣区1年发生2代，少数枣区1年发生3代，均以老熟幼虫在寄主树干周围浅层土壤中结茧越冬。在江西枣区1年发生2代，越冬幼虫4月中旬化蛹，5月中旬~6月初成虫羽化，主要在18：00—20：00羽化。成虫羽化后即交尾产卵，卵多散产于叶面，低龄幼虫先取食卵壳，再啃食叶肉，仅留1层叶片表皮。第1代幼虫发生期为5月下旬~7月中旬；第2代幼虫发生期为7月下旬~9月底。幼虫期共8龄，自6龄起取食全叶，虫量多时可把枝条上的叶片吃光，仅存顶端几片嫩叶。幼虫老熟后即下树入土结茧。

〖防治方法〗

发生数量少时，可在防治枣黏虫和食心虫时兼治；如果发生数量大，就需要在幼虫期专门喷药防治，防治药剂同枣尺蠖的防治药剂。

15. 绿刺蛾 >>>>

绿刺蛾又称曲纹绿刺蛾、褐边绿刺蛾，其幼虫俗称洋刺子，属于鳞翅目刺蛾科。该虫食性很杂,可为害枣、苹果、核桃、桑和榆等多种果树和林木。以幼虫蚕食枣树叶片,严重时可将叶肉食光,仅剩叶柄。幼虫体上的刺毛丛有毒,人体皮肤接触后发生肿胀、奇痛,故称洋刺子。

〔形态特征〕

成虫(图3-58)体长约16毫米,翅展达38~40毫米。头顶、胸背为绿色,胸背中央有1条棕色纵线,腹部为灰黄色。前后翅缘毛为浅棕色,前翅为绿色,基部有暗褐色大斑,外缘为灰黄色;后翅为灰黄色。雄蛾的触角形似梳子,雌蛾的触角呈丝状,均为褐色。卵呈扁平椭圆形,长约1.5毫米,黄白色。老熟幼虫体长25~28毫米,体短而粗,头小且常缩入胸部。初孵化幼虫体为黄色,稍大后变为黄绿色(图3-59),老熟幼虫从中胸到第8腹节各有4个瘤状突起,瘤突上生有黄色刺毛丛,腹部末端有4个丛球状蓝黑色刺毛。幼虫身体背部有条绿色背线,两侧有深蓝色点线(图3-60)。蛹长约13毫米,椭圆形,黄褐色,外表包有丝茧(图3-61)。茧长约15毫米,椭圆形,暗褐色。

图3-58 绿刺蛾成虫

图3-59 绿刺蛾中龄幼虫

图3-60 绿刺蛾老熟幼虫

图3-61 绿刺蛾茧内幼虫和蛹

〔发生特点〕

在东北及华北北部枣区1年发生1代，在河南省及长江下游枣区1年发生2代，均以老熟幼虫结茧越冬。越冬场所有树下草丛、浅土层、落叶下和主侧枝的树皮上等。1年发生1代的地区，越冬幼虫于次年5月中下旬开始化蛹，6月上中旬开始羽化，陆续羽化至7月中旬。成虫具有较强的趋光性，夜间交尾，卵产于叶的背面，数十粒聚集成块。幼虫在树上的取食为害时间主要为7~9月。1年发生2代的枣区，越冬幼虫于次年4月下旬~5月上旬化蛹，越冬代成虫于5月下旬~6月上旬出现。第1代幼虫于6~7月发生；第2代幼虫于8月下旬~9月发生，10月上旬入土结茧越冬。

〔防治方法〕

同扁刺蛾的防治方法。

16. 枣龟蜡蚧 >>>>

枣龟蜡蚧的学名为日本龟蜡蚧，俗称枣虱子，属于同翅目蜡蚧科，在我国广泛分布，食性很杂，可为害多种果树和林木。该虫以成虫和若虫刺吸 1～2 年生枝条和叶片的汁液，并分泌大量排泄物，引起煤污病，使枝条、叶片和果实布满黑霉，严重影响光合作用和枝条、果实的正常生长，引起早期落叶，幼果脱落，树势衰弱，严重时可使枣树整枝或整株枯死。

【形态特征】

雌成虫虫体呈椭圆形，紫红色，蜡质介壳为白色，背面隆起，有龟形纹（图 3-62）。卵呈椭圆形，长约 0.3 毫米，初产时为浅橙黄色，近孵化时为紫红色。初孵若虫体扁平，椭圆形，长约 0.5 毫米，孵出约 14 天后，体背分泌形成蜡质介壳，周围为星芒状蜡角（图 3-63）。3 龄后雌若虫介壳上出现龟形纹（图 3-64）。

图 3-62　枣龟蜡蚧雌成虫

图 3-63　枣龟蜡蚧低龄若虫

图 3-64　枣龟蜡蚧老龄雌若虫

【发生特点】

1年发生1代，该虫以受精雌成虫在1~2年生枝条上越冬，尤以当年生枣头上最多。次年4月底~5月初枣树萌芽时，越冬雌成虫开始取食并发育，虫体迅速增大。5月下旬或6月上旬开始产卵，6月中旬前后为产卵盛期。卵产于母体下，一般每只雌虫产卵1000~2000粒，充满雌虫介壳，卵期为20天左右。6月下旬~7月上旬为卵孵化盛期。若虫孵出后爬出介壳，沿枝条向上爬至叶片主脉两侧或枝梢上固定取食，开始分泌蜜露，引起煤污病。8月下旬~9月上旬，叶片上的雌虫迁移到枝上，继续为害至11月上中旬，然后进入越冬期。

【防治方法】

（1）人工防治　冬季，结合冬剪，剪虫量多的枝条，或者刮除枝条上的越冬虫体。

（2）化学防治　枣树萌芽前，树上喷洒5波美度石硫合剂。树上喷药防治的关键时期是若虫孵出至形成蜡质介壳前，选用高效低毒、对蜜蜂安全的杀虫剂均匀喷洒枝叶，如螺虫乙酯或氟啶虫胺腈常用浓度。或者在枣树花期结束后，用10%吡虫啉可湿性粉剂4000倍液喷雾。

提示　枣龟蜡蚧的防治适期恰逢枣树花期，尽量不喷洒广谱性触杀性杀虫剂，以免伤害传粉昆虫和天敌。

17. 枣粉蚧 >>>>

枣粉蚧又称枣星粉蚧、枣阳粉蚧，属于同翅目粉蚧科，在河北、河南、山东等北方枣区比较常见，在江西、广东枣区也有零星分布。该虫以成虫和若虫为害枣树的叶片和枝条，使叶片枯黄，枣果萎蔫，树势衰弱，产量下降。

【形态特征】

雌成虫长3毫米左右，扁椭圆形，背部隆起，密被白色蜡粉，体缘具有针状蜡质物，尾部有2根特长的蜡质尾毛（图3-65）。卵呈椭圆形，长0.37毫米；卵囊呈棉絮状，蜡质，每个卵囊内有卵百余粒。若虫体扁，椭圆形，眼为黑褐色。

图3-65 枣粉蚧雌成虫

【发生特点】

在北方枣区1年发生3代，该虫以若虫在枝干皮缝内越冬。春季4月越冬若虫开始活动取食，5月上旬开始产卵，卵期为10天左右。1~3代若虫的发生盛期分别在6月上旬、7月中旬和9月中旬。第1、2代若虫繁殖量大，造成的危害最重。

【防治方法】

（1）人工防治 结合冬季修剪，刮除枝干上的老翘皮，集中销毁或投入沤粪池，可消灭部分枣粉蚧越冬若虫、枣黏虫、红蜘蛛和甲口虫等。

（2）化学防治 同枣龟蜡蚧的化学防治。

18. 枣瘤大球坚蚧 >>>>

枣瘤大球坚蚧属于同翅目蜡蚧科。该虫分布于我国大部分省份，可为害枣、酸枣、苹果、梨、杏、桃和核桃等果树，以若虫、雌成虫刺吸枣树叶片和枝条汁液，影响树体生长。

〔形态特征〕

雌成虫体背面常为红褐色，并分泌出毛绒状蜡被，至受精产卵后，虫体几乎变成半球形，背面强烈硬化而变成黑褐色介壳，壳体长18.8毫米，宽约18毫米，高约14毫米（图3-66）。卵呈长椭圆形，长0.5~0.7毫米，初产时为乳白色，渐变为浅粉色，孵化前为

图3-66 枣瘤大球坚蚧雌成虫介壳

浅褐色，表面覆盖白色蜡粉。初孵若虫为黄白色，体扁，椭圆形，长0.4~0.6毫米，取食固定后若虫渐变为深褐色，分泌蜡粉覆盖虫体，白蜡壳边缘有14对蜡片，2根白蜡丝部分露出介壳。

〔发生特点〕

1年发生1代，该虫以2龄若虫固定在1~2年生枝条上越冬（图3-67）。次年4月越冬若虫开始活动取食，4月中下旬是为害

图3-67 枣瘤大球坚蚧越冬虫体

盛期。5月上旬雌成虫产卵于虫体下，5月底~6月初卵孵化为若虫，6月若虫大量发生。若虫于6~9月在叶面刺吸为害，9月中旬~10月中旬转移回枝，回枝后重新固定，进入越冬期。

〔防治方法〕

防治方法同枣龟蜡蚧的防治方法。

19. 草履蚧 >>>>

草履蚧又称草鞋蚧、日本履绵蚧等，属同翅目硕蚧科，在国内广泛分布，寄主植物多，可为害枣树、苹果、海棠、樱桃、桃和无花果等多种果树和林木花卉。该虫以若虫和雌成虫聚集在芽腋、嫩梢、叶片和枝干上吮吸汁液为害，造成植株生长不良。

〔形态特征〕

雌成虫无翅，扁椭圆形，似草鞋底状，故名草履蚧（图3-68）。雌成虫体长约10毫米，分节明显，身体背面为棕褐色，腹面为黄褐色，被一层霜状蜡粉。雄成虫身体呈紫色，长5~6毫米；翅为浅紫黑色，半透明；触角有10节，各节环生细长毛。初产卵为橘红色，有白色絮状蜡丝粘裹。初孵化若虫为棕黑色，腹面颜色较浅。

图3-68 草履蚧为害枣树

〔发生特点〕

1年发生1代，该虫以卵在土中越夏和越冬。次年1月下旬～2月上旬，卵在土中开始孵化，孵化期持续1个多月。若虫出土后沿树干上爬至梢部、芽腋或初展新叶处刺吸为害。若虫取食后逐渐生长发育成雌、雄成虫，成虫羽化后即觅偶交配（图3-69），寿命为2～3天。雌成虫交配后下树入土中产卵，卵被白色蜡丝包裹成卵囊，每囊有卵100多粒。草履蚧若虫、成虫的虫口密度大时，往往群体在树干上向下迁移，密密麻麻一层。

图3-69　草履蚧雌雄成虫交配

〔防治方法〕

（1）人工防治　冬季清园，消灭在枯枝落叶、杂草与表土中的越冬虫卵。早春，在若虫孵化后上树前，把树干基部20厘米高的老树皮刮净，缠上宽透明胶带，阻隔草履蚧爬行上树，人工灭杀集聚在树干基部的若虫。

（2）化学防治　在若虫爬行上树盛期，蜡质层未形成或刚形成，对药物比较敏感，可以做到用药量少、防治效果好。用40%啶虫·毒乳油1500～2000倍液均匀喷雾于枝干，间隔10天再喷洒1次。

（3）生物防治　红点唇瓢虫的成虫、幼虫均可捕食草履蚧的卵、若虫、蛹和成虫；6月后捕食率可高达78%。注意保护利用。

20. 枣树甲口虫 >>>>

枣树甲口虫的学名为皮暗斑螟，属于鳞翅目螟蛾科，是为害枣树环剥甲口、嫁接口及其他伤口的主要害虫。枣树开甲或环剥后，该虫以幼虫沿甲口取食愈伤组织，排出褐色粪粒，并吐丝缠绕（图3-70）。当幼虫取食甲口愈伤组织一部分或一圈后，便沿韧皮部向上继续取食为害，造成甲口不能完全愈合或断离，导致树势衰弱，甚至死枝死树。

〔形态特征〕

成虫体长6～8毫米，全体为灰色至黑灰色。卵呈椭圆形，长约0.5毫米，初产卵为乳白色，中期为红色，近孵化时变为暗红色至黑红色。初孵幼虫的头为浅褐色，体为乳白色。老龄幼虫体长10～16毫米，灰褐色，头部为褐色（图3-71）。

图3-70　枣树甲口虫为害枣树甲口的症状

图3-71　枣树甲口虫越冬幼虫

〔发生特点〕

在河北省沧州1年发生4～5代，该虫以幼虫在为害部位及附近越冬。每年 3 月下旬开始活动，4 月初开始化蛹（图 3-72），4 月底开始羽化，成虫产卵在甲口、伤口附近的树皮裂缝内，5 月上旬出现第 1 代卵和幼虫，以第 1、2 代幼虫造成的危害最重。11 月中旬左右，幼虫进入越冬状态。

〔防治方法〕

在枣树开甲后的 3～4 天，用 40% 辛硫磷乳油 100 倍液或 4.5% 高效氯氰菊酯乳油 500 倍液涂抹甲口，然后包扎上塑料薄膜（图 3-73）。发现甲口虫为害甲口时，人工立即刮除被害甲口老皮、虫粪及主干上的老翘皮，带出枣园外集中深埋或倒入水池内，并对甲口及主干喷布 80% 敌敌畏乳油 600 倍液。

图 3-72　枣树甲口虫的蛹

图 3-73　采用包扎法防治甲口虫

21. 枣豹蠹蛾 >>>>

枣豹蠹蛾俗称截杆虫，属于鳞翅目豹蠹蛾科。该虫分布于河北、河南、山东、陕西等省，主要为害枣和核桃，也可为害苹果、梨、杏和石榴等。枣豹蠹蛾以幼虫蛀食枣树枝条（图 3-74），枣枝受害后枯死（图 3-75），遇风易折断，使树冠不能扩大，影响树势和产量。

图3-74 枣豹蠹蛾为害的枝条

图3-75 枣豹蠹蛾为害造成死枝

〔形态特征〕

成虫体长 18～22 毫米，灰白色，胸部背面有 3 对蓝黑色斑点，腹部各节均有蓝黑色斑点，前翅散生大小不等的蓝黑色斑点，后翅局部散生蓝黑色斑点。卵为浅黄色，密布网状纹。老熟幼虫体长 32～40 毫米，紫红色，头部为黄褐色，前胸背板上有 1 对子叶形黑斑（图3-76）。

图3-76 枣豹蠹蛾幼虫

〔发生特点〕

1 年发生 1 代，该虫以幼虫在被害枝条内越冬。次年枣芽萌动时，越冬幼虫开始沿枝条髓部向上蛀食，并向外开有排粪孔以排出粪便。6 月上旬幼虫老熟后开始化蛹，6 月下旬开始羽化，7 月上中旬为成虫发生盛期。成虫多在夜间活动，有较强的趋光性。成虫产卵时间较长，可持续 2 天左右，产卵量达 356 ~ 1140 粒，单粒或块状。初孵幼虫多蛀食枣吊的维管束部分，随虫龄的增长而转移到枣头嫩尖的髓心部分，大龄幼虫则可蛀食枣头基部的髓心木质部，均是从蛀孔向先端部分蛀食，使蛀孔至端部不久即枯萎死亡，枣吊逐渐萎蔫，枣果脱落。蛀入新梢后，新梢随即枯萎，幼虫又可转梢为害，致使当年生的枣头大量被害。10 月以后，幼虫在被害枝内进入越冬状态。

〔防治方法〕

（1）剪除虫枝 冬春两季结合修剪剪除被害虫枝并烧毁，可减少越冬幼虫的数量。5 ~ 6 月，经常巡查枣园，发现被害枝梢或枣吊，应及时用带钩的长竿折下被害枝，集中烧毁处理。9 月正值当年小幼虫为害盛期，继续用带钩的长竿折下被害枝，集中烧毁处理，以减轻次年害虫的发生量。

（2）黑光灯诱杀成虫 6 月下旬 ~ 7 月是成虫发生期，可利用黑光灯诱杀成虫。

（3）喷药杀成虫 在黑光灯诱到枣豹蠹蛾成虫后，立即用 4.5% 高效氯氰菊酯乳油 1500 倍液喷洒树冠 1 ~ 2 次，以杀伤成虫。此法可兼治多种害虫。

22. 黑蚱蝉 >>>>

黑蚱蝉又名黑蚱、知了、知了猴、知了龟等，属于同翅目蝉科。该虫分布于全国大部分地区，为害枣、苹果、樱桃、桃、柳、杨、槐和榆等多种果树和林木。黑蚱蝉以若虫在地下刺吸树根汁液，成虫（图 3-77）刺破当年生枝条并在其内产卵，造成枣树枝条干枯。

〔形态特征〕

雄成虫体长 44 ~ 48 毫米，体色漆黑，有光泽，翅透明，翅脉为浅黄色及暗黑色,足为浅黄褐色,腹部第 1、2 节有半圆形鸣器(图 3-78)。雌成虫体长 38～44 毫米,无鸣器,产卵器明显。卵呈梭形,稍弯曲,长 2.4 毫米,宽 0.5 毫米,乳白色,有光泽(图 3-79)。老熟若虫体长约 35 毫米,黄褐色,前足开掘式,翅芽发达(图 3-80)。

图 3-77 黑蚱蝉成虫

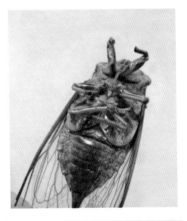

图 3-78 黑蚱蝉雄成虫腹部鸣器

图 3-79 黑蚱蝉的卵

图 3-80 黑蚱蝉老熟若虫

〔发生特点〕

多年发生1代，该虫以若虫在土壤中越冬，以卵在寄主枝条内越冬（图3-81）。越冬卵于次年春天孵化，若虫孵出后，随枯枝坠落地面，潜入土中。若虫有5个龄期，各龄若虫在土中越冬时，均筑1个椭圆形土室，1虫1室。若虫在地下寄主根部刺吸汁液为生，经多年发育至老熟若虫。当旬平均气温达22℃以上时，老熟若虫于雨后的傍晚钻出地面，爬至树上或附近植物茎秆上蜕皮羽化（图3-82）。成虫羽化后静止2~3小时，即爬行或飞翔，刺吸取食树木汁液以补充营养，交尾繁殖。雄成虫善鸣叫。产卵期自7月中下旬开始，8月为产卵盛期。成虫主要产卵于直径为5~7毫米的当年生枝条上，每个枝条上有卵10多粒，被产过卵的枝条留下刺伤痕迹（图3-81），几天后产卵痕以上枝条失水枯死。

图3-81 黑蚱蝉产卵为害的枣枝

图3-82 黑蚱蝉的蜕皮

〔防治方法〕

主要采用人工防治。彻底剪除产卵枝条，集中起来烧毁，以消灭虫卵。老熟幼虫出土期，在树干上缠绑宽塑料胶带可阻隔幼虫爬行上树，于傍晚搜寻捕捉刚出土的老熟若虫，或在早晨捕捉刚羽化的成虫。成虫盛发期，利用灯光诱杀，或者在树行间点火，摇动树枝，使成虫投火自焚。

23. 星天牛 >>>>

星天牛又称白星天牛，幼虫俗称盘根虫，属于鞘翅目天牛科。该虫广泛分布于全国各地。其寄主植物多达 50 余种，主要有枣、苹果、梨、杨和柳等树。幼虫主要在枣树树干基部或根颈部蛀食为害，使树势衰弱，甚至整株枯死。

〔形态特征〕

成虫体长 20~40 毫米，雌虫大于雄虫，漆黑色，有光泽。触角较长，前胸背板两侧各有 1 个粗壮刺突，鞘翅上有白斑 30~40 个，基部密布颗粒状凸起（图 3-83）。卵呈长椭圆形，长约 6 毫米，乳白色，孵化前变为黄褐色。老熟幼虫体长 45~60 毫米，乳白色，头部为褐色，前胸背板基部有 1 块黄褐色"凸"

图 3-83　星天牛成虫

字形大斑，此斑的前方有 1 对黄褐色飞鸟形纹。蛹长 30~38 毫米，纺锤形，乳白色，即将老熟时变为黑褐色。

〔发生特点〕

1~2 年发生 1 代，该虫以幼虫在树干基部木质部或主根内越冬。次年 4~5 月越冬幼虫化蛹，5~8 月出现成虫。成虫羽化后，取食细枝皮层或叶片以补充营养，约 10 天后开始交尾，交尾后 10~15 天开始产卵，卵多产于树干基部离地面 10~50 厘米高的范围内。成虫在树皮上咬成"T"字形或"人"字形伤口，然后转身将产卵管插入伤口皮层产卵。卵经 10 天左右孵化为幼虫，初孵幼虫先在表皮与木质部之间蛀食，蛀道内充满虫粪，经 1~2 个月再蛀入木质部，多数向上蛀食，蛀道不是很规则，向外蛀有 1~3 个孔口，用以通气和排出粪便。11 月幼虫开始越冬。

〔防治方法〕

（1）人工防治　在成虫发生期，于中午前后捕杀成虫。发现产卵痕迹时，可用刀挖出虫卵或小幼虫，也可用铁丝捅入蛀道，钩出或戳死幼虫。

（2）阻止产卵　成虫产卵期，将树干基部涂白，可阻止成虫产卵。白涂剂按石灰 1 份、细硫黄粉 1 份、水 40 份的比例配制，搅拌均匀后再涂抹。

（3）药剂熏杀　对蛀入木质部的幼虫，可先将虫孔附近的虫粪清除，然后在每个虫孔塞入浸透 80% 敌敌畏乳油的棉球，再用泥封口，熏杀效果良好。

24. 枣红缘天牛 >>>>

红缘天牛属于鞘翅目天牛科，广泛分布于全国各地，寄主植物有多种。枣红缘天牛以幼虫蛀食为害枣树枝干（图 3-84），轻者树体生长势衰弱，部分枝干死亡，重者主干环剥皮，树冠死亡，幼树受害后容易全株死亡。

〔形态特征〕

成虫体长 9.5~11 毫米，

图 3-84　枣红缘天牛为害的症状

宽3.5~6毫米，体为黑色，狭长，被细长灰白色毛（图3-85）。鞘翅基部各有1个朱红色椭圆形斑，外缘有1条朱红色窄条，常在肩部与基部椭圆形斑相连接。触角为细长丝状。前胸宽，侧刺突短而钝。卵为乳白色，椭圆形，长2~3毫米。老熟幼虫体长22毫米左右，乳白色，头小，大部分缩在前胸内，外露部分为褐色至黑褐色，胴部有13节，前胸背板前方骨化部分为深褐色，上有"十"字形浅黄色带，后方非骨化部分呈"山"字形。

图3-85　正在交尾的枣红缘天牛成虫

〔发生特点〕

1年发生1代，该虫以幼虫在枣树枝干的蛀道内越冬。次年春季越冬幼虫开始活动并为害，但不在树干上开排气孔。每年4~5月化蛹和成虫羽化。成虫交尾后产卵于生长势弱的枝干和各种伤口处，卵期为10天左右。初孵幼虫先蛀食皮层，在韧皮部和木质部之间取食为害，一直为害到10月，气温下降后，幼虫蛀入木质部或近枝干的髓部越冬。

【防治方法】

（1）防治成虫和卵　5月为成虫活动盛期，可巡视捕捉成虫。用白涂剂加入马拉硫磷涂刷在树干上，可防止成虫产卵，兼杀成虫和卵。

（2）防治幼虫　6～7月发现树干上有产卵裂口和流出泡沫状胶质时，即刮除树皮下的卵粒和初孵幼虫，并涂以70%甲基硫菌灵可湿性粉剂600倍液以消毒防腐。越冬季节，在田间发现死亡枝干，应及时剪除，集中起来烧毁，以杀死枝干内的越冬幼虫。

（3）化学防治　同星天牛的化学防治。

附　　录

物候期	防治对象	防治指标及防治措施
休眠期	红蜘蛛、枣黏虫、枣粉蚧、枣绮夜蛾、黄刺蛾、枣树甲口虫、黑蚱蝉、枣豹蠹蛾、天牛等及树上、树下越冬病菌	1）冬季和早春，刮枝干上的粗翘皮。刮前在地面铺塑料布，收集刮掉的树皮并集中烧掉，以消灭越冬的害虫及病菌。刮除老粗皮后进行树干涂白 2）剪除病虫枝和干枯枝，清扫树下落叶、落果及杂草，集中起来和粉碎的枝条一起进行深埋堆肥。剪下黄刺蛾越冬茧，挑出被寄生的虫茧，保存在树荫处的铁纱笼内，让天敌羽化后能继续控制黄刺蛾
	枣疯病	彻底挖除病株，减少毒源
	枣尺蠖、桃小食心虫、扁刺蛾、枣芽象甲、枣瘿蚊、桔小实蝇等	结合施肥深翻田间土壤，使越冬害虫暴露于地表，让其冻死、干死或被鸟啄食
	枣尺蠖、草履蚧、枣芽象甲等	早春，在树干基部缠 15～20 厘米宽的光滑塑料胶带，上面涂刷粘虫胶，可阻止从地面沿主干上爬的枣尺蠖、草履蚧、枣芽象甲等害虫上树
发芽期	绿盲蝽、枣黏虫、枣瘿蚊、介壳虫、枣芽象甲、炭疽病、黑腐病、褐斑病等	1）发芽前，用 5 波美度石硫合剂喷洒枝干，可防治龟蜡蚧、球蚧。清除越冬病原菌，减少初侵染来源 2）发芽期，对树喷洒 4.5% 高效氯氰菊酯乳油 2000 倍液 +10% 吡虫啉可湿性粉剂 4000 倍液，或 4.5% 高效氟氯氰菊酯乳油 2000 倍液 +22.4% 螺虫乙酯悬浮剂 4000 倍液

（续）

物候期	防治对象	防治指标及防治措施
抽枝展叶期	枣瘿蚊、龟蜡蚧、绿盲蝽、枣尺蠖、枣黏虫、枣芽象甲、红蜘蛛、褐斑病、锈病等	1）枣树开花前，喷洒24%螺虫乙酯悬浮剂4000倍液+15%哒螨灵乳油2000倍液+70%甲基硫菌灵可湿性粉剂600倍液，可防治多种病害和害虫 2）雨后或结合浇水，对田间土壤施用昆虫病原线虫，可防治土壤内的食心虫、蛴螬等害虫 3）剪除不能发芽的枝条和萎蔫枝，集中起来粉碎或焚烧，以消灭枝干内的豹蠹蛾、天牛幼虫 4）在田间悬挂绿盲蝽诱捕器，诱杀其成虫。此后，定期更换性诱剂，以保持诱虫效果
开花期	枣黏虫、枣尺蠖、绿盲蝽、刺蛾、炭疽病、黑腐病、褐斑病、缩果病等	1）初花期至盛花期，对树连续喷洒2次赤霉酸10~20毫克/千克药液，以提高坐果率。此期尽量不喷洒杀虫剂、杀螨剂，避免伤害蜜蜂、瓢虫和草蛉等有益昆虫 2）盛花期，在田间悬挂桃小食心虫性诱芯和诱捕器，用于诱杀雄成虫和测报成虫发生期。此后，定期更换性诱芯，以保持诱虫效果
幼果期	桃小食心虫、黏虫、刺蛾、枣锈病、炭疽病、黑腐病、褐斑病、缩果病等	1）当在田间连续3天诱到桃小食心虫成虫时，立即对树喷洒25%灭幼脲悬浮剂2000倍液+2.5%溴氰菊酯乳油2000倍液，间隔10天再喷洒1次，可兼治多种害虫 2）对树连续喷洒嘧菌酯+代森锰锌2次，可防治多种病害。合理添加氨基酸钙肥、微量元素等，可预防裂果和缺素症

（续）

物候期	防治对象	防治指标及防治措施
果实膨大期	枣锈病、炭疽病、黑腐病、褐斑病、缩果病、桃小食心虫、桔小实蝇等	1）对树喷洒倍量式或多量式波尔多液2次，可防治多种病害。枣锈病严重时，15天后再喷1次倍量式波尔多液200倍液 2）继续测报桃小食心虫1代成虫的发生期，在成虫发生盛期喷洒35%氯虫苯甲酰胺水分散粒剂8000倍液+2.5%溴氰菊酯乳油2000倍液+25%嘧菌酯悬浮剂2500倍液的混合液，可防治多种害虫与病害 3）在田间悬挂桔小实蝇诱杀剂，用于诱杀成虫和测报成虫发生期，连续3天诱到成虫即喷药防治
果实着色期	炭疽病、黑腐病、褐斑病、缩果病、桃小食心虫、龟蜡蚧、枣黏虫、枣绮夜蛾、红蜘蛛等	1）继续诱杀桃小食心虫和桔小实蝇成虫。如果有桔小实蝇发生，需要对树下、树上喷洒杀虫剂进行防治，防治药剂见桔小实蝇部分 2）9月上旬，连续喷洒苯醚甲环唑或戊唑醇2000倍液2次，可防治果实和叶片病害 3）捡拾田间的落果，集中起来用开水闷烫，可杀灭病菌和害虫。于树干、大枝基部绑草把，诱集越冬的枣黏虫、枣绮夜蛾和红蜘蛛等
果实成熟期	果实和叶部病害	采果后喷洒倍量式波尔多液200倍液或70%甲基硫菌灵可湿性粉剂700倍液，可防病保叶片。捡拾地面的病虫果，集中起来烧毁，以减少田间病虫来源
采收后	越冬害虫、螨及病原菌等	枣树落叶后解除草把，剪除病虫死枝，清扫枯枝落叶，结合施土杂肥深埋到施肥坑内。结合树干涂白防寒，刷除枝干上越冬的介壳虫、刺蛾越冬茧、枣黏虫的蛹等

附录 B 用于枣树的登记农药品种一览表

在用于枣树的农药登记有效期内，共有登记产品 130 种，其中杀虫剂 83 种，杀菌剂 31 种，植物生长调节剂 8 种，除草剂 2 种，常用农药可见表 B-1。

表 B-1 用于枣树的常用农药名称及用法

	药剂名称	防治对象	有效成分用药量	施用方法
杀菌剂	450 克/升咪鲜胺水乳剂	炭疽病	300~450 毫克/千克	喷雾
	40%咪鲜胺水乳剂	炭疽病	300~450 毫克/千克	喷雾
	25%咪鲜胺水乳剂	炭疽病	300~450 毫克/千克	喷雾
	40%苯甲·咪鲜胺水乳剂	炭疽病	160~200 毫克/千克	喷雾
	430 克/升戊唑醇悬浮剂	炭疽病	143~215 毫克/千克	喷雾
	30%戊唑醇悬浮剂	炭疽病	143~215 毫克/千克	喷雾
	80%戊唑醇可湿性粉剂	炭疽病	143~215 毫克/千克	喷雾
	250 克/升嘧菌酯悬浮剂	炭疽病	100~166.7 毫克/千克	喷雾
	40%苯甲·嘧菌酯悬浮剂	炭疽病	160~266.7 毫克/千克	喷雾
	60%唑醚·代森联水分散粒剂	炭疽病	400~600 毫克/千克	喷雾
	0.5%香芹酚水剂	锈病	5~6.25 毫克/千克	喷雾
	80%代森锰锌可湿性粉剂	锈病	1000~1333.3 毫克/千克	喷雾
	22.5%啶氧菌酯悬浮剂	锈病	125~167 毫克/千克	喷雾
	50%苯甲·丙环唑微乳剂	褐斑病	100~167 毫克/千克	喷雾
	250 克/升丙环唑乳油	叶斑病	83~167 毫克/千克	喷雾
杀虫剂	25%噻虫嗪水分散粒剂	盲蝽象	—	喷雾
	40%啶虫脒水分散粒剂	盲蝽象	50~80 毫克/千克	喷雾
	70%吡虫啉水分散粒剂	盲蝽象	70~93.3 毫克/千克	喷雾
	45%马拉硫磷乳油	盲蝽象	250~450 毫克/千克	喷雾

（续）

	药剂名称	防治对象	有效成分用药量	施用方法
杀虫剂	10%氟氯·噻虫啉悬乳剂	盲蝽象	50~66.7 毫克/千克	喷雾
	30%阿维·螺螨酯悬浮剂	红蜘蛛	37.5~50 毫克/千克	喷雾
	0.5%藜芦碱可溶液剂	红蜘蛛	6.25~8.33 毫克/千克	喷雾
	5%阿维菌素水乳剂	红蜘蛛	5~6.25 毫克/千克	喷雾
	0.5%甲氨基阿维菌素苯甲酸盐微乳剂	枣尺蠖	3.3~5 毫克/千克	喷雾
	16000 国际单位/毫克苏云金杆菌可湿性粉剂	枣尺蠖	稀释 1200~1600 倍	喷雾
	80%敌百虫可溶粉剂	黏虫	700 倍液	喷雾
植物生长调节剂	0.1%噻苯隆可溶液剂	促进果实生长	1 毫克/千克	喷雾
	0.01%芸苔素内酯可溶液剂	调节生长	0.03~0.05 毫克/千克	喷雾
	15%赤霉酸可溶片剂	调节生长	15~20 毫克/千克	喷雾
	20%赤霉酸可溶粉剂	调节生长	6.7~13.3 毫克/千克	喷雾
	2%苄氨基嘌呤可溶液剂	调节生长	20~29 毫克/千克	喷雾
	3.6%苄氨·赤霉酸液剂	提高坐果率	3.6~7.2 毫克/千克	喷雾
	1%苄氨基嘌呤可溶粉剂	调节生长	20~40 毫克/千克	喷雾
除草剂	960 克/升精异丙甲草胺乳油	1 年生禾本科杂草及部分阔叶杂草	720~1152 克/公顷	土壤喷雾
	200 克/升草铵膦水剂	杂草	600~900 克/公顷	定向茎叶喷雾

注：本表资料来源于中国农药信息网，2018 年。

参 考 文 献

［1］任国兰. 枣树病虫害防治［M］. 北京：金盾出版社，2004.

［2］王江柱，姜奎年. 枣病虫害诊断与防治原色图鉴［M］. 北京：化学工业出版社，2014.

［3］巴秀成，王小梦，常慧红. 冬枣绿盲蝽发生特点与防治方法［J］. 西北园艺（果树），2006（6）：24-25.

［4］毕海燕，朱晓锋，阿布都克尤木·卡德尔，等. 不同药剂对枣瘿蚊的防治效果评价［J］. 新疆农业科学，2014，51（5）：915-919.

［5］常慧红，刘俊展，张路生. 冬枣病害的发生及防治措施［J］. 北方园艺，2011（2）：159-160.

［6］曹艳敏，张泽勇，王丽红. 枣尺蠖的发生与防治技术［J］. 现代农村科技，2010（20）：24.

［7］陈文杰，陈辉惶，古丽齐曼·阿布都热合曼，等. 10种杀菌剂防治骏枣褐斑病田间试验［J］. 中国森林病虫，2013，32（4）：39-42.

［8］陈贻金，耿子逊，白爱芳. 枣树天牛习性及防治技术［J］. 河南林业，1989（4）：35-36.

［9］高洁，王洪旗. 金丝小枣病虫害防治技术［J］. 中国园艺文摘，2014，30（6）：199-200.

［10］郭建民，杨俊强，薛新平，等. 枣疯病研究进展［J］. 山西农业科学，2017，45（8）：1389-1392.

［11］郭迎华，邱鹏程，李攀，等. 黄刺蛾在宁夏灵武市枣园发生现状生态特性及综合防控技术研究［J］. 宁夏林业通讯，2015（1）：23-26.

［12］郭英兰. 枣叶黑斑病的病原菌［J］. 云南农业大学学报，1991（2）：124-125.

［13］侯宝林，赵建文，韩瑞东，等. 枣尺蠖研究新进展［J］. 山东林业科技，2002（3）：35-38.

［14］花蕾，沈宝成，高峰. 陕北红枣桃小食心虫发生规律的研究［J］. 陕

西农业科学，1991（5）：26-28.

[15] 姜奎年，孙连才，张治刚，等. 枣豹蠹蛾生物学特性及综合防治 [J]. 中国森林病虫，2001（4）：14-16.

[16] 靳雅君，张泽勇. 冬枣轮纹病的发生与防治 [J]. 北京农业，2006 （9）：31.

[17] 刘长海，屈志成，闫锡海，等. 陕北枣树桃小食心虫防治技术 [J]. 植物保护，2002，28（4）：32-33.

[18] 刘国利，孙洪雁，孟德辉，等. 冬枣青斑病的发生与防治 [J]. 山东农业科学，2011（4）：80-81.

[19] 刘俊展，张路生，常慧红，等. 冬枣嫩梢焦枯病病原初步鉴定 [J]. 植物病理学报，2005（S1）：129-132.

[20] 罗淑萍，陆宴辉，崔艮中，等. 冬枣园绿盲蝽绿色防控技术体系构建与示范 [J]. 植物保护，2018，44（1）：194-198.

[21] 李爱华，张勇，张辉，等. 枣园桃小食心虫的发生动态及生防技术研究 [J]. 中国果树，2012（2）：53-56.

[22] 李长领，王学军. 冬枣黄叶病的发生与防治 [J]. 河北果树，2006 （2）：51-52.

[23] 李庆军，杨小芹，梁丽霞，等. 冬枣青斑病病因初探 [J]. 农学学报，2015，5（7）：34-38.

[24] 李淑香. 枣树甲口虫灰暗斑螟的发生与防治 [J]. 落叶果树，2009，41（3）：43.

[25] 李素杰. 枣红蜘蛛、枣粉蚧、枣龟蜡蚧无公害防治技术 [J]. 山西果树，2014（1）：52-53.

[26] 李新岗，黄君伟，王鸿哲. 日本龟蜡蚧在枣树上的发生与危害 [J]. 陕西林业科技，1997（3）：51-54.

[27] 李晓军，阴启忠，徐颖，等. 几种药剂防治枣果浆烂病对比试验 [J]. 河北果树，2004（4）：13-15.

[28] 李占文，李攀，王东菊，等. 宁夏枣区枣尺蠖综合防控技术集成与应用 [J]. 宁夏农林科技，2016，57（9）：32-34.

[29] 李志清，常聚普，乔趁峰，等. 枣黑腐病发病规律研究 [J]. 果树科学，1997（4）：252-256.

［30］李志清，张兆欣，田国忠，等．枣黑腐病田间药剂防治技术研究［J］．中国森林病虫，2005（5）：3-6．

［31］吕景海，马仁贵，刘忠锋，等．冬枣青斑病发生流行原因分析与绿色防控初报［J］．中国果菜，2012（12）：18-19．

［32］李占文，孙惠芳，王丽先，等．宁夏灵武长枣区红缘天牛的危害及其寄生天敌调查研究［J］．黑龙江农业科学，2008（4）：53-54．

［33］陆德玲，魏书艳，魏洪飞，等．苯醚甲环唑、嘧菌酯对冬枣炭疽病的联合毒力与田间防效［J］．农药，2017，56（1）：61-64．

［34］买合苏提·玉努斯，彭锋．哈密骏枣园棉铃虫防治技术［J］．农村科技，2013（1）：31．

［35］秦文辉．山西省枣树主要病虫害及防治历［J］．山西林业科技，2010，39（2）：38-39．

［36］宋宏伟，王彩敏．麻皮蝽和茶翅蝽对枣树的危害及防治研究［J］．昆虫知识，1993（4）：225-228．

［37］宋宪军，唐福霞，赵宏欣，等．枣豹蠹蛾的观察及防治［J］．林业科技通讯，1996（9）：43．

［38］孙瑞红，李爱华，刘秀芳．绿盲蝽在果树上猖獗危害的原因及综合防治［J］．落叶果树，2004（6）：27-29．

［39］孙瑞红，宫庆涛，叶宝华，等．警惕柑橘小实蝇入侵危害山东果树［J］．落叶果树，2017，49（6）：38-39．

［40］田平．陕西关中地区枣树主要有害生物调查及化学防治技术研究［D］．咸阳西北农林科技大学，2013．

［41］魏瑞芳，申艳普，李文娟，等．豫北枣区主要病虫害及综合防治［J］．中国园艺文摘，2010，26（7）：152-153．

［42］王鸿哲，等．枣瘤大球坚蚧研究［J］．西北农业学报，2000，9（4）：83-86．

［43］王建，刘天忠，窦长保．甘肃临泽枣绮夜蛾发生规律及综合防治［J］．中国果树，2010（1）：58-59．

［44］王金红，姜秀华，侯军铭，等．枣炭疽病的发生规律与防治技术［J］．河北林业科技，2009（3）：122-123．

［45］王丽红，李瑞华．枣树甲口虫的无公害防治及甲口保护［J］．河北林

业，2006（5）：35.

[46] 王清海，牛赡光，刘幸红，等. 冬枣绿盲蝽成虫毒力测定与防治方法研究 [J]. 山东林业科技，2010，40（3）：57-59.

[47] 王先炜，谢玉，靳永，等. 星天牛对薛城冬枣的危害及其生物学特性 [J]. 昆虫知识，2002（5）：382-383.

[48] 吴玉柱，季延平，刘愍，等. 冬枣黑斑病发生规律的研究 [J]. 山东林业科技，2004（3）：1-3.

[49] 闫尚猛，王金红. 红缘天牛的危害特点及防控措施 [J]. 河北林业，2015（8）：30-31.

[50] 于继洲，等. 枣树裂果机理研究 [J]. 山西农业科学研究，2002，30（1）：76-79。

[51] 于洁，贾文军，杨红娟，等. 枣锈壁虱生物学特性及综合防治 [J]. 中国果树，2008（1）：46-49.

[52] 翟浩，王涛，李晓军. 9 种不同杀虫剂对枣瘿蚊的防治效果研究 [J]. 安徽农业科学，2014，42（33）：11730，11793.

[53] 张路生，常慧红，巴秀成，等. 冬枣叶枯病药剂防治研究 [J]. 北方果树，2012（4）：6-7.

[54] 张拴成，杨继虎. 枣尺蠖的生物学特性观察及扎塑膜裙防治试验结果 [J]. 陕西林业科技，2017（1）：38-40.

[55] 周琳，盛恒斌，杨明国，等. 河南省枣树主要病虫害综合防治技术 [J]. 中国果树，2003（2）：43-44，51.

ISBN：978-7-111-55670-1

定价：49.80 元

ISBN：978-7-111-55397-7

定价：29.80 元

ISBN：978-7-111-47444-9

定价：19.80 元

ISBN：978-7-111-52107-5

定价：25.00 元

ISBN：978-7-111-54710-5

定价：25.00 元

ISBN：978-7-111-56878-0

定价：25.00 元

ISBN：978-7-111-56476-8

定价：39.80 元

ISBN：978-7-111-51607-1

定价：23.80 元

ISBN：978-7-111-59206-8

定价：29.80 元

ISBN：978-7-111-57263-3

定价：39.80 元

图说番茄病虫害诊断与防治　　图说苹果病虫害诊断与防治

图说黄瓜病虫害诊断与防治　　图说玉米病虫害诊断与防治

图说葡萄病虫害诊断与防治　　图说茄子病虫害诊断与防治

图说樱桃病虫害诊断与防治　　图说桃病虫害诊断与防治

图说西瓜甜瓜病虫害诊断与防治　图说草莓病虫害诊断与防治

图说枣病虫害诊断与防治　　　图说水稻病虫害诊断与防治

地址:北京市百万庄大街22号
邮政编码:100037
电话服务
服务咨询热线:010-88361066
读者购书热线:010-68326294
　　　　　　010-88379203
网络服务
机工官网: www.cmpbook.com
机工官博: weibo.com/cmp1952
金书网: www.golden-book.com
教育服务网: www.cmpedu.com
封面无防伪标均为盗版

上架建议　农业/植保
ISBN 978-7-111-61757-0

种植交流QQ群:336775878

策划编辑◎高　伟
封面设计◎教　亮

ISBN 978-7-111-61757-0

9 787111 617570

定价: 25.00元